治涝标准关键技术研究

水利部水利水电规划设计总院
中水淮河规划设计研究有限公司　　著
黑龙江省水利水电勘测设计研究院

中国水利水电出版社
www.waterpub.com.cn
·北京·

内 容 提 要

近年来，国内涝灾频发，不仅威胁国家粮食安全，城市"看海"新闻也频见报端。各级政府不断加大治理洪涝灾害力度，但没有统一标准遵循，各地自成体系。为指导开展治涝相关工作，结合治涝标准关键技术研究成果，主要研究人员编写了本书。

本书整理了部分地区历史涝灾及涝灾损失情况，总结不同类型涝区的致涝成因和特点；评价了目前我国主要的除涝水文计算方法，提出了除涝水文计算方法的适用条件；较深入地研究了确定治涝标准的评判条件和指标体系，提出采用设计暴雨重现期、暴雨历时、涝水排除时间、排除程度等治涝标准 4 项基本要素；在国内首次提出了治涝区划框架、方案和涝区分类方法，结合开展的治涝规划相关工作，提出了治涝区划分区、分类图；开展了不同区域涝区的治涝标准与涝区治理工程费用和效益关系典型案例研究，提出了以经济指标为判别因子的旱作区、水田区及城市治涝标准适用范围。

本书适用于区域涝区规划和大中型涝区治理工程的规划、设计、管理等，可供设计人员、建设管理人员等参考使用。

图书在版编目（ＣＩＰ）数据

治涝标准关键技术研究 ／ 水利部水利水电规划设计总院，中水淮河规划设计研究有限公司，黑龙江省水利水电勘测设计研究院著. -- 北京 ： 中国水利水电出版社，2019.3
　　ISBN 978-7-5170-7188-4

　　Ⅰ．①治… Ⅱ．①水… ②中… ③黑… Ⅲ．①除涝－标准－研究－中国 Ⅳ．①TV87-65

中国版本图书馆CIP数据核字（2018）第281878号

审图号：GS（2018）6151号

书　　名	治涝标准关键技术研究 ZHILAO BIAOZHUN GUANJIAN JISHU YANJIU
作　　者	水利部水利水电规划设计总院 中水淮河规划设计研究有限公司　著 黑龙江省水利水电勘测设计研究院
出版发行	中国水利水电出版社 （北京市海淀区玉渊潭南路1号D座　100038） 网址：www.waterpub.com.cn E - mail：sales@waterpub.com.cn 电话：（010）68367658（营销中心）
经　　售	北京科水图书销售中心（零售） 电话：（010）88383994、63202643、68545874 全国各地新华书店和相关出版物销售网点
排　　版	中国水利水电出版社微机排版中心
印　　刷	天津嘉恒印务有限公司
规　　格	184mm×260mm　16开本　11.25印张　267千字
版　　次	2019年3月第1版　2019年3月第1次印刷
印　　数	0001—1000册
定　　价	**48.00元**

本 书 编 委 会

前　言

我国洪涝灾害频发，对经济社会发展和人民生命财产安全造成较大危害。各级政府对洪涝灾害的防治十分重视，多年来投入巨大的财力、人力、物力进行洪涝区治理，已初步形成了防洪治涝工程体系，对防御洪涝灾害发挥了重要的作用。据统计，涝灾损失在我国历年洪涝灾害损失中占有很大比例，涝灾治理不仅与区域经济社会发展和人民生活水平的提高密切相关，而且事关国家粮食安全。因此，加强涝区治理、提高除涝减灾能力是国家和水利部门相当一段时期内的重要任务。

为规范和指导治涝规划、设计、建设、管理的有关工作，根据水利部的安排，水利水电规划设计总院会同中水淮河规划设计研究有限公司、黑龙江省水利水电勘测设计研究院等单位开展了水利行业技术标准《治涝标准》（SL 723—2016）的编制工作，并对治涝标准的关键技术问题进行了基础性研究。在广泛调查研究、总结生产实践经验和专家指导咨询的基础上，完成了《治涝标准及关键技术研究》总报告，以及《涝灾成因分析》《我国不同地区除涝水文计算方法分析评价》《典型区治涝标准与涝区治理工程费用和效益关系研究》《治涝标准指标体系研究》《治涝区划和分类方法研究》等5个关键技术问题的专题研究，本书是在汇总、提炼上述研究成果的基础上撰写而成的。本书中对于各地习惯形成的不同名称，如排涝、治涝、除涝等习惯说法继续沿用，没有强加统一。

本书共分8章。第1章为概述；第2章为我国涝区基本情况和治涝现状；第3章为涝灾成因分析；第4章为除涝治涝水文计算方法分析评价；第5章为治涝标准与涝区治理工程费用和效益关系研究；第6章为治涝标准指标体系研究；第7章为治涝区划和分类方法；第8章为结论和建议。

治涝标准及相关的技术问题涉及面十分广泛。由于历史的原因，有关这方面的基础资料和研究成果匮乏，本著作是国内外首次对治涝标准和相关的主要技术问题进行的系统性分析研究，填补了该领域国内外的空白。由于研究的基础条件较差，加之经验不足，疏漏之处在所难免。希望本著作出版后能为行业和有关部门提供有益的参考；引起更多读者和专家关注我国的治涝问题，并对这一问题进行更加深入和广泛的探讨和研究，为解决我国的治涝问题做出努力。

作者

2018 年 8 月

目录 CONTENTS

第 1 章

概　　述

　　我国洪涝灾害频发，经常造成大面积粮食减产，并危害人民生命财产安全。涝灾治理不仅事关国家粮食安全，而且与区域经济社会发展、人民生活水平提高密切相关，如何减轻涝灾损失、促进人水和谐是我国当前及今后一个时期需要着力解决的重要问题。

　　我国对水资源的开发利用和洪涝水旱灾害的治理具有悠久的历史，新中国成立以后，党和国家及各地政府对洪涝灾害的防治十分重视，投入了巨大的人力、物力、财力进行洪涝区治理，已取得了一定的成就。国家先后对全国主要大江大河进行了以防洪保安为重点的治理建设，取得了巨大的防洪减灾效益。多年来修建的防洪排涝工程体系及大中型灌区的灌溉排水工程，对缓解我国水旱灾害危害程度、保证农业生产持续稳定发展起到了重要作用；修建的城市排水体系和骨干排涝河道对解除城市涝水威胁和保证社会稳定、经济发展起到了重要作用。但是，我国幅员辽阔，受地形地势、水文气象、经济文化等自然社会环境因素的影响，南北方、东西部地域间及山区、丘陵、平原、滨海等区域间的排涝各具特点，地区间治涝问题差异较大。

　　目前全国易涝区的排涝标准普遍达到了 3～5 年一遇，部分条件较好的地区达到了 10年一遇。但与国外发达国家相比，我国的大部分地区排涝标准仍然偏低，治涝基础设施薄弱，防灾能力不足，不能满足经济社会发展的要求。2011 年中央一号文件《关于加快水利改革发展的决定》将城市和农村易涝地区的治理作为今后 5～10 年的一项重要任务，提出要"实施大中型灌溉排水泵站更新改造，加强重点涝区治理，完善灌排体系"；要"加强城市防洪排涝工程建设，提高城市排涝标准"。这从国家层面上对治涝提出了迫切要求，并明确了治理方向。

　　近年来，随着全球气候变化和极端天气事件的频繁发生，洪涝灾害对人类活动和生态环境的影响日益显著，灾害损失也在不断增加，因此，对加强江河流域和区域治理、提高防御自然灾害能力、保障人民生命财产安全提出了更高的要求。现阶段，我国在大江大河和中小河流的防洪建设方面十分重视，投入了大量资金开展大规模的防洪工程建设。目前各地区的防洪工程体系已经初步完善，防洪能力有了一定程度的提高，在这种情况下对涝灾的治理已提上议事日程。由于在内涝治理方面长期投入不足，欠账较多，加之近些年来极端天气频发，造成我国城市和农区的涝灾问题日益突出。同时，随着经济社会的快速发展，也必然会对涝区治理提出新的、更高的要求。实际上，除涝体系建设已是我国迫切需要改善和提高的一项重要任务。

在多年治涝实践中，我国各地区在排水指标、除涝水文计算及治涝技术等方面初步具备了一定的基础；市政部门提出了具有自身特点的城市排水模式；各省、自治区、直辖市水利部门在长期的治理实践中也初步提出了一些各具特色的治涝设计标准确定方法，所有这些，在指导治涝规划设计建设方面都发挥了重要作用。

由于治涝的复杂性，各地区在治理标准的选择上存在一定的任意性；地区之间在治涝水文计算方法上也存在较大差异，已有的治涝工程布局和建设规模存在不协调和不尽合理的情况；随着经济社会的快速发展、城镇化水平不断提高和大江大河骨干河道防洪标准的提高，使得产生涝灾的因素发生了变化，因此，亟须对治涝标准进行系统性的研究。

实践表明，涝区治理对改造中低产田具有非常显著的作用，是增加粮食产量、保障粮食安全的重要措施，同时，开展治涝建设也可提高和改善易涝区广大群众的生产生活条件。一般情况下，治涝标准越高，防洪除涝措施越完善，地区抗御洪涝自然灾害的能力和对经济社会发展的保障能力就越强，但所需的建设资金也越多，治涝建设标准的高低与国家或地区某一阶段的经济发展水平及防洪除涝设施的完善程度是密切相关的。因此，根据涝灾治理要求，分析我国涝情特点和涝灾成因，科学评估我国现行除涝水文计算方法，深入研究治涝标准指标体系、治涝区分类划分方法等方面的技术研究，提出与我国现阶段区域经济社会发展水平相适应的、科学合理的治涝标准及相关的指标体系，有着重要的现实意义和必要性。

第 2 章

我国涝区基本情况和治涝现状

2.1 涝灾概述

洪涝灾害（简称涝灾）是我国主要的气象灾害之一，我国的洪涝灾害绝大多数是由暴雨造成的，且呈现出洪、涝难分的特点。暴雨洪涝是指区域性持续的大雨（日降水量 25～49.9mm）、暴雨（日降雨量不小于 50mm）以及局地性短时强降水引起江河洪水泛滥，冲毁堤坝、房屋、道路、桥梁，淹没农田、城镇等，引发灾害，造成农业或其他财产损失和人员伤亡的一种灾害。洪涝灾害是自然界的一种异常现象，一般包括洪灾和涝渍灾。

涝灾一般是指本地降雨过多，或受沥水、上游洪水的侵袭，河道排水能力降低、排水动力不足或受大江大河洪水、海潮顶托，不能及时向外排泄，造成地表积水而形成的灾害，多表现为地面受淹，农作物歉收。

渍灾一般是指农田积水深度过大，时间过长，积水超过作物耐淹能力，使土壤中的空气相继排出，造成作物根部氧气不足，根系部呼吸困难，并产生乙醇等有毒有害物质，从而影响作物生长，甚至造成作物死亡。或是由于地下水位过高，造成土壤含水量过多，土壤水长时间处于饱和状态，土壤空气不畅而形成的灾害，导致作物根系活动层水分过多，不利于作物生长，使农作物减收。实际上涝灾和渍灾在大多数地区是相互共存的，如水网圩区、沼泽地带、平原洼地等既易涝又易渍。山区谷地以渍为主，平原坡地则易涝，因此不易将两者截然分清，一般将易涝易渍形成的灾害统称为涝渍灾害。

城市地区的不透水面积较大，因此降雨形成径流的时间较短，如果城市排涝设施不足或标准较低，一旦遇较大暴雨，地下管网不能及时收集和排出雨水，会造成低洼地带积水，甚至局部地区淹没，常会引发城市交通受阻或人员财产损失等，近年来城市涝灾的问题日益突出。

2.2 涝灾成因和特点

2.2.1 涝灾成因

洪涝灾害的形成必须具备两个条件：一是自然条件，主要影响因素有地理位置、气象条件和地形地势，包括降雨集中、地势低洼、坡降平缓、湖沼水系分布、土质黏重及透水性差、河网调蓄能力弱、承泄出路不良等；二是社会经济条件，如毁林、城市面积扩大、下垫面硬化、围湖造田等造成涝水流量增加、排涝能力不足，以及水利化程度低、工程不配套、纳渍量不足等。

2.2.2　涝灾特点

我国涝灾的时间分布特点：以夏涝为主，程度也较严重，有时也出现在春、秋两季。一般而言，春秋季节的涝渍范围较小，强度较弱，出现次数较少，灾害较轻；夏涝则强度较大，时间较长，影响范围较广，对农业生产、城市危害也较严重，据初步调查，南方地区的夏涝多以梅涝为主。夏涝主要发生在长江流域、东南沿海和黄淮平原；春涝主要发生在华南、长江中下游、沿海地区；秋涝多为台风雨造成，主要发生在东南沿海和华南地区。

我国涝灾的地区分布特点：松辽流域的三江平原多是由于地势平缓低洼、排涝河道排水不畅及水利工程不配套而使降雨形成的当地涝水不能及时排出造成的内涝；淮河流域的涝灾主要是因洪致涝，由于上游洪水泛滥涌向下游而使外河水位过高、下游涝水不能及时排出，形成"关门淹"；长江流域由于汛期较长，涝灾多具有分布范围广、受灾时间长的特点。

从涝灾发生机制来看，涝灾具有明显的季节性、区域性和经常性。相对洪水灾害而言，涝灾的受灾范围更广、持续时间更长，灾害损失往往也更大。从社会心理层面上来说，也是对洪灾更为重视，长期以来对涝灾重视不足。

2.3　涝灾危害

2.3.1　涝灾对农业生产的影响

涝灾与洪灾相伴相生，是对人类生产与生活危害最为严重的自然灾害之一。目前全球各种灾害造成的损失，洪涝约占 40%、热带气旋约占 20%，干旱约占 15%，地震约占 15%，其余约占 10%。可见，洪涝灾害是最为严重的灾害类型。

我国是世界上洪涝灾害最为频繁而又严重的国家之一，洪涝灾害对社会经济发展的负面影响巨大。涝灾有损失大、范围广、洪涝难分等特点，据有关资料统计，半个多世纪以来，我国平均每年因洪涝受灾耕地为 1.4 亿亩（1 亩≈666.7m²），因灾死亡近 5000 人。目前全国共有中低产田面积 8.45 亿亩，其中易涝耕地面积 3.66 亿亩，涝灾是导致农田低产的主要原因之一，全国涝灾面积平均每年达 1 亿多亩，占因洪涝受灾面积的 70% 左右，因涝导致的粮棉油减产占全国总产量的 5% 左右。全国洪涝灾害多年平均损失达 800 亿～1100 亿元，其中山洪和河道洪水多年平均损失 250 亿～130 亿元，涝灾多年平均损失 550 亿～750 亿元，与洪灾相比，涝灾造成的损失往往更为严重。

根据国家防办 2000—2013 年的 14 年全国洪涝灾害统计资料，我国多年平均因洪涝受灾面积约为 11459 千 hm²（1hm²＝10⁴m²），其中成灾面积 6196 千 hm²；多年平均受灾人口

14555 万人,其中死亡 1409 人;倒塌房屋 109 万间;洪涝直接经济损失 1499 亿元,其中水利损失 236 亿元。根据一般经验,涝灾损失约占洪灾损失的 2/3,如以此估算,多年平均涝灾直接经济损失约为 1000 亿元。表 2.3-1 为 2000—2013 年全国洪涝灾害统计情况。

表 2.3-1　　　　　　　　　　2000—2013 年全国洪涝灾害统计情况

| 年份 | 洪涝面积/千 hm² | | 受灾人口 /万人 | 死亡人口 /人 | 倒塌房屋 /万间 | 直接经济 损失/亿元 | 水利损失 /亿元 |
	受灾	成灾					
2000	9045.01	5396.03	12900	1942	112.61	711.63	79.39
2001	7137.78	4253.39	11000	1605	63.49	623.03	84.95
2002	12384.21	7439.01	15200	1819	146.23	838.00	166.08
2003	20365.70	12999.8	21800	1551	245.42	1300.51	151.14
2004	7781.90	4017.10	11600	1282	93.31	713.51	88.51
2005	14967.48	8216.68	20200	1660	153.29	1662.20	210.05
2006	10521.86	5592.42	13882	2276	105.82	1332.62	208.48
2007	12548.92	5969.02	17700	1230	102.97	1123.30	176.86
2008	8867.60	4537.57	14000	633	44.07	955.00	172.15
2009	8748.16	3795.79	11101	538	55.59	845.96	148.34
2010	17866.69	8727.89	21100	3222	227.10	3745.43	691.68
2011	7191.50	3393.02	8942	519	69.00	1301.27	209.52
2012	11218.09	5871.41	12367	673	58.60	2675.32	468.33
2013	11777.53	6540.81	11974	775	53.36	3155.74	446.56
平均	11459	6196.4	14554.7	1408.9	109.35	1498.82	235.86

2.3.2 涝灾对城市的影响

1. 涝灾危害简述

随着我国经济社会的快速发展、城镇化进程的加快,城市涝灾问题也变得日益突出,特别是近年来因降雨引发的城市内涝问题已引起社会各方面的广泛关注,对涝灾治理的需求也日益增强。随着各地区经济总量的不断增加,同等程度的受涝造成的损失呈显著增大的趋势;同时全球气候变化和极端天气事件的频繁发生,更在一定程度上加剧了涝灾危害和损失。

涝灾对城市的危害主要体现在对人员出行造成不便、影响城市交通、扰乱城市正常的生产生活秩序,有时甚至会造成严重的经济损失和人员伤亡。

2. 典型涝灾

(1) 2013 年 10 月浙江省"菲特"台风灾害。

2013 年 10 月,浙江省遭受第 23 号强台风"菲特"的袭击及其残留云系长时间强降雨影响,洪涝台灾害严重。"菲特"于 9 月 30 日在菲律宾以东的西北太平洋洋面上生成,10 月 1 日加强为强热带风暴,10 月 3 日加强为台风,10 月 4 日加强为强台风,台风中心于 10 月 7 日在浙闽交界处(福鼎沙埕镇)登陆,近中心最大风力 42m/s(14 级)。"菲特"的主体云系覆盖浙江沿海，滞留时间长，风力特别强，强降雨范围广，持续时间长，全省平均降水量超过 204mm。"菲特"登陆时适逢农历九月初大潮，沿海潮位和江河水位高，不少地段超历史最高水位。

受"菲特"持续狂风、高潮和暴雨影响，出现部分民房倒塌，电力、通信、交通线路中断，城镇、农田受淹，堤塘出险。据初步统计，该次台风浙江省有 11 个市 80 个县（市、区）986 个乡（镇、街道）874.25 万人受灾，紧急转移 103.92 万人，因灾死亡 7 人，失踪 4 人，倒塌房屋 3.06 万间；农作物受灾面积 481.97 千 hm^2，成灾面积 208.02 千 hm^2，死亡大牲畜 2.9271 万头；公路中断 1086 条次，供电中断 1650 条次，通信中断 321 条次；损坏堤防 3118 处、615.28km，护岸 10955 处，水闸 224 座，机电井 104 眼，机电泵站 2149 座，水文设施 127 个。因洪涝灾害造成的直接经济损失约 276 亿元。

（2）2012 年 7 月 21 日北京市涝灾。

2012 年 7 月 21 日至 22 日 8 时左右，北京全市平均降雨量达到 164mm，城区平均降雨量 212mm，降雨最大点房山区河北镇降雨量 519mm，为 1951 年有气象记录以来的最大值。强降雨造成的城市内涝和洪水灾害，使死亡人数达到 79 人，房屋倒塌 10660 间，160.2 万人受灾，经济损失 116.4 亿元。暴雨期间，北京市内的公路、铁路、民航等交通方式均受到不同程度影响，机场超过 500 个航班取消，8 万多名旅客滞留，在建的地铁部分地段发生坍塌。图 2.3-1 所示为北京市某小区 2012 年 "7.21" 暴雨内涝场景。

图 2.3-1　北京市某小区车辆被淹情况

国外的一些发达国家同样经历过城市内涝所造成的严重危害。如 20 世纪 50 年代末，日本的工业经济高速发展，但下水道系统的落后却让城市饱受内涝之苦，一到暴雨季节，道路成了河道，地铁站变成水帘洞。1992 年以前，东京陈旧的下水道系统不足以应付突如其来的强降水，经常"水漫金山"。另外，大量生活污水、含重金属的工业废水未经处理就排入河道，人食用受污染鱼类后引发了水俣病、骨痛病等，公共水体污染也成为社会热门话题。1958 年 9 月 26 日，在当年第 22 号台风影响下，东京一天降雨量达到

392.5mm，造成 33 万户家庭进水，46 人死亡和失踪。痛定思痛，此后日本开始下大力气治理排水和污水处理系统。

人类不可能彻底根治洪涝灾害，但通过各种努力，可以尽可能地减轻洪涝灾害的影响和损失，其中较为成功的案例就是日本东京的地下排水系统。日本政府大兴土木，建设了巨型分洪工程——"首都圈外郭放水路"，该工程堪称世界最先进的排水系统，全部使用计算机遥控，并在中央控制室进行全程监控。

2.4 我国易涝区分布和范围

我国的易涝区主要分布在七大江河中下游的广阔平原区，包括长江流域的江汉平原、洞庭湖和鄱阳湖滨湖地区、下游沿江平原洼地，淮河流域的淮北平原、滨湖滩地、里下河水网地区，太湖流域的圩区（杭嘉湖区、萧绍平原等），珠江流域的珠江三角洲地区，松辽流域的三江平原、松嫩平原和辽河平原，黄河流域的河套平原、关中平原，海河流域中下游平原等地。

长江流域：流域总面积约 180.9 万 km^2，总耕地面积约 2147 万 hm^2，其中易涝易渍耕地面积约 540 万 hm^2，约占总耕地面积的 25%。主要分布在四川盆地、江汉平原、两湖滨湖地区、下游沿江地区以及云、贵、川山区谷地和盆地等。

淮河流域：包括淮河和沂沭泗河两个水系，流域面积约 26.9 万 km^2，其中易涝易渍耕地面积约 646 万 hm^2，约占总耕地面积 1270 万 hm^2 的 51%，主要分布在淮北平原、沿河和滨湖洼地、下游水网地区等。

太湖流域：流域总面积约 3.69 万 km^2，总耕地面积约 176 万 hm^2，其中易涝易渍耕地面积约 66 万 hm^2，约占总耕地面积的 38%，主要分布在太湖湖西的香草河及洮滆滨湖平原与圩区、锡北洼地、杭嘉湖地区、阳澄淀泖区、黄浦江沿河水网圩区等。

珠江流域：流域总面积约 46.37 万 km^2，总耕地面积约 467 万 hm^2，其中易涝易渍耕地面积约 142 万 hm^2，约占总耕地面积的 30%，主要分布在珠江三角洲、沿江沿河平原、山区谷地等。

松辽流域：流域总面积约 124.1 万 km^2，总耕地面积约 1902 万 hm^2，其中易涝易渍耕地面积约 651 万 hm^2，约占总耕地面积的 34%，主要分布在东西辽河及辽河干流两侧冲积平原及洼地、三江平原和松嫩平原等区域。

海河流域：流域总面积约 26.3 万 km^2，其中易涝易渍耕地面积约 336 万 hm^2，约占总耕地面积 1136 万 hm^2 的 30%。海河流域在 20 世纪六七十年代涝灾比较严重，进入 21 世纪后，由于降雨持续减少，农业涝灾已不十分突出，但城市涝灾多有发生。

黄河流域：流域总面积约 75.2 万 km^2，总耕地面积约 1224 万 hm^2，其中易涝易渍耕地面积约 106 万 hm^2，约占总耕地面积的 8.7%，因花园口以下黄河高水行洪，广阔平原分属淮河、海河流域，花园口以上多丘陵山区，因此涝渍仅分布于沿河夹滩、洼地及汾河渭盆地等地。

涝灾对农业的影响，可以用易涝易渍耕地面积来表示，易涝易渍耕地面积为易涝、易渍和既涝又渍面积的总和。各流域 1990 年易涝易渍耕地面积见表 2.4-1。

表 2.4-1 　　　　　　　　　　　**各流域 1990 年易涝易渍耕地面积表**　　　　　　单位：万 hm²

流域	长江	淮河	太湖	珠江	松辽	黄河	海河	合计
总耕地面积	2147	1270	176	467	1902	1224	1136	8322
易涝易渍面积	540	646	66	142	651	106	336	2487
初步治理面积	363	529	63	95	480	65	267	1862

由表 2.4-1 可以看出，如果以易涝易渍面积占总耕地面积的比例作为涝灾严重程度的评判条件，则淮河流域的涝灾最为严重，易涝易渍面积占总耕地面积的一半略多；其次太湖流域约占 40%；松辽流域约占 33%；长江流域约占 25%。黄河流域的涝灾程度最轻，占比不足 10%。

2.5　我国易涝区治涝标准现状

2.5.1　农村排涝现状

我国农田、农村圩区的排涝标准在南方和北方，东部和西部地区间有所不同，这与各地区的地理位置、所处流域、地形地势、气象水文等条件及作物种植结构、地方经济发展水平等都有一定的关系。目前我国大部分地区农田的现状排涝标准的降雨重现期多为 3~5 年一遇，少数农田排涝标准的降雨重现期可达 10 年一遇或 20 年一遇。一般情况下，经济较发达地区、自然条件和治理条件较好地区的现状治涝标准相对较高，而地形地势和水文气象条件较复杂、范围较大、经济条件相对较差地区的现状治涝标准多较低。

据对部分典型区的调查统计，淮河流域现状排涝能力为 3 年一遇和不足 3 年一遇的易涝面积占总易涝面积的比例达 78%，5 年一遇约占 19%，5 年一遇以上仅为 3%；东北地区现状排涝能力为 3 年一遇和不足 3 年一遇的易涝面积占总易涝面积比例达 40%，5 年一遇的面积比例约为 37%，10 年一遇及以上的面积比例约为 23%；长江流域现状排涝能力在 5 年一遇和不足 5 年一遇的面积比例约为 44%，大于 5 年一遇、小于 10 年一遇的面积比例约为 40%，10 年一遇及以上的约为 16%；太湖流域约 21% 的易涝面积排涝能力达到了 5 年一遇，25% 达到 10 年一遇，54% 超过 10 年一遇。

2.5.2　城市排涝现状

我国城市的排水设计标准主要按照市政排水规范的有关规定确定，目前城区主干道基本是按"一年一遇"（市政标准，下同）的雨量标准，有些地方不到"一年一遇"。市政管网排水的重现期一般采用 0.5~3 年一遇，重要干道、重要地区或短期积水即能引起较严重后果的地区，一般选择 3~5 年一遇。在实施过程中，大部分城市采取的是标准规范的下限。

随着城市人口增长和城区面积的不断扩大，一些城市由于治涝标准偏低导致的问题日益显现（图 2.5-1~图 2.5-4），目前有些地区正陆续出台一些规定，加强改造和改善城市排水系统，以提高城市的排水能力，市政部门也已制定和修改了相关规范。按水利标准分析，目前我国县级以上城市内河的排涝标准多为 10~20 年一遇 24h 暴雨 24h 排除。

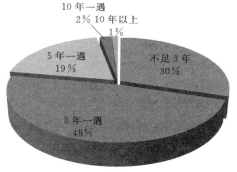

图 2.5-1　淮河流域易涝区现状排涝能力

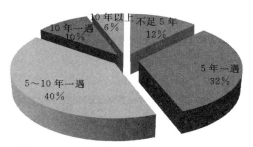

图 2.5-2　长江流域易涝区现状排涝能力

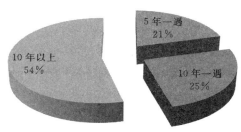

图 2.5-3　太湖流域易涝区现状排涝能力

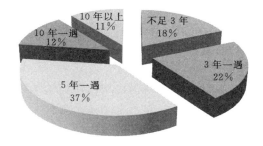

图 2.5-4　东北地区易涝区现状排涝能力

参　考　文　献

［1］　国家防汛抗旱总指挥部办公室，水利部南京水文水资源研究所. 中国水旱灾害［M］. 北京：中国水利水电出版社，1997.

［2］　中华人民共和国水利部. 治涝标准　SL 723—2016［S］. 北京：中国水利水电出版社，2016.

［3］　中国气象局. 中国气象灾害年鉴［M］. 北京：气象出版社，2004.

［4］　中国气象局. 中国气象灾害年鉴［M］. 北京：气象出版社，2005.

［5］　中国气象局. 中国气象灾害年鉴［M］. 北京：气象出版社，2006.

［6］　中国气象局. 中国气象灾害年鉴［M］. 北京：气象出版社，2007.

［7］　中国气象局. 中国气象灾害年鉴［M］. 北京：气象出版社，2008.

［8］　中国气象局. 中国气象灾害年鉴［M］. 北京：气象出版社，2009.

第 3 章

涝 灾 成 因 分 析

3.1　易涝区主要类型

涝灾的形成与地形、地貌、排水条件有密切的关系，根据我国易涝区情况，可划分为平原坡地、平原洼地、水网圩区、山区谷地、沼泽湿地等几种类型。

1.平原坡地类型

平原坡地主要分布在大江大河中下游的冲积或洪积平原，地域广阔，地势平坦，虽有排水系统和一定的排水能力，但在较大降雨情况下，往往因坡面漫流或洼地积水而形成灾害。

属于平原坡地类型的易涝易渍地区，主要是淮河流域的淮北平原，东北地区的松嫩平原、三江平原与辽河平原，海河流域的中下游平原，长江流域的江汉平原等，其余零星分布在长江、黄河及太湖流域。

2.平原洼地类型

平原洼地主要分布在沿江、河、湖、海周边的低洼地区，其地貌特点近似于平原坡地，但因受河、湖或海洋高水位的顶托，丧失自排能力或排水受阻，或排水动力不足而形成灾害。

沿江洼地，如长江流域的江汉平原，受长江高水位顶托；沿湖洼地，如洪泽湖、南四湖等滨湖地区，由于湖泊蓄水而形成洼地；沿河洼地，如淮河流域沿淮地区，受淮河高水位顶托。它们的共同特点是受外河高水位顶托，涝水难以自排。

属于平原洼地类型的易涝易渍区主要有：长江流域的沿江洼地，如江汉平原、洞庭湖和鄱阳湖滨湖地区等；淮河流域的沿淮洼地，如洪泽湖以上的沿淮洼地和滨湖地区；海河流域的沿河洼地等。

3.水网圩区类型

在江河下游三角洲或滨湖冲积、沉积平原，由于人类长期开发而形成水网，水网水位全年或汛期超出耕地地面，因此必须筑圩（垸）防御，并依靠人力或动力排除圩内积水。当排水动力不足或遇超标准降雨时，则形成涝渍灾害。例如，太湖流域的阳澄淀泖地区，淮河下游的里下河地区，珠江三角洲等，均属这一类型。

10

4. 山区谷地类型

山区谷地类型涝渍灾害分布在丘陵山区的冲谷地带。其特点是山区谷地地势相对低下，遇大雨或长时间阴雨，土壤含水量大，受周围山丘下坡地侧向地下水的侵入，水流不畅，加之日照短、气温偏低而致涝致渍。

5. 沼泽湿地类型

沼泽平原地势平缓，河网稀疏，河槽切割浅，滩地宽阔，排水能力低，雨季潜水往往到达地表，当年雨水第二年方能排尽。在沼泽平原进行大范围垦植，往往因工程浩大、排水标准低和建筑物未能及时配套而在新开垦土地上发生频繁的涝渍灾害。我国沼泽平原的易涝易渍耕地主要分布在东北地区的三江平原，黄河、淮河、长江流域也有零星分布。

表 3.1-1　　　　各流域不同类型易涝易渍耕地面积统计表　　　单位：万亩

流域	平原坡地	平原洼地	水网圩区	山区谷地	沼泽湿地
长江	2172	2073	1890	1957.5	15
淮河	7129.5	1315.5	978	240	30
太湖	382.5	—	601.5	—	—
珠江	—	637.5	459	1032	—
松辽	3028.5	4054.5	—	874.5	1807.5
黄河	837	714	—	9	25.5
海河	3649.5	1362	—	22.5	—
合计	17199	10156.5	3928.5	4135.5	1878
占比/%	46	27	11	11	5

注　占比（%）为不同类型占易涝易渍耕地总面积的百分比。

由表 3.1-1 可以看出，不同类型地区易涝易渍面积在全国的分布状况，其中平原坡地面积最大，约占全国易涝易渍耕地面积近一半，沼泽地最少，约占 5%。

3.2　典型涝区选择

为深入研究不同区域的涝灾成因，选择了部分典型涝区进行案例研究，以全面总结其涝灾成因（表 3.2-1）。典型涝区应具有一定代表性，既要考虑其所在区域，也要考虑其类型和涝灾特点，力求使典型涝区充分反映现阶段我国不同区域、不同类型的易涝洼地的问题和涝灾成因。分别在东北平原区、华北平原区、长江中下游平原区、珠江三角洲区等我国重要易涝地区，选择不同类型的典型涝区进行重点分析研究。

1. 平原坡地类型的典型涝区选择

平原坡地类型的易涝易渍地区，主要分布在淮河中下游平原区、东北平原区的松嫩平原、三江平原与辽河平原，华北平原，长江流域的江汉平原等，分布范围较广。由于各地区自然、社会等条件各有不同，为反映不同区域涝区涝灾特性及涝灾成因，分别在华北平原区选择天然文岩渠作为典型涝区，淮河中下游平原区选择澥河洼地作为典型涝区；长江中游平原区选择金水河涝区和四湖涝区作为平原坡地类型的典型涝区进行研究。

11

2. 平原洼地类型的典型涝区选择

平原洼地类型的涝区主要分布在沿江、河、湖、海周边的低洼地区，在长江中游平原区、长江下游平原区、淮河中下游平原区分布范围较广。分别在淮河中下游平原区选择焦岗湖涝区、长江下游平原区选择温黄平原涝区作为平原洼地类型的典型涝区进行分析研究。

3. 水网圩区类型的典型涝区选择

水网圩区类型易涝区主要分布在江河下游三角洲或滨湖冲积、沉积平原，在长江中游平原区、长江下游平原区、淮河中下游平原区和珠江三角洲区分布范围较广。分别在长江中下游平原区选择苏南武澄锡涝区、杭嘉湖平原，在淮河中下游平原区选择苏北里下河涝区，在珠江三角洲选择大沙联圩涝区作为水网圩区型易涝区典型涝区。

4. 沼泽湿地类型的典型涝区选择

我国沼泽平原的易涝易渍耕地主要分布在东北平原区的三江平原，因此选择东北平原区的三江平原作为沼泽湿地型涝区的典型涝区。

表 3.2 - 1 典型易涝区基本情况表

典型区名称	所在区域	所在省份	洼地类型	所在流域
挠力河	东北平原区（三江平原）	黑龙江	沼泽湿地型	松辽流域
青龙莲花河	东北平原区（三江平原）	黑龙江	沼泽湿地型	松辽流域
天然文岩渠	华北平原（黄河冲积平原）	河南	平原坡地型	黄河流域
小清河（济南上）	其他地区	山东	平原坡地型	黄河流域
焦岗湖	淮河中下游平原区	安徽	平原洼地型	淮河流域
澥河	淮河中下游平原区	安徽	平原坡地型	淮河流域
苏北里下河	淮河中下游平原区（里下河平原）	江苏	水网圩区型	淮河流域
金水河	长江中游平原区（江汉平原）	湖北	平原坡地型	长江流域
四湖	长江中游平原区（江汉平原）	湖北	平原坡地型	长江流域
苏南武澄锡地区	长江下游平原区（长江三角洲）	江苏	水网圩区型	太湖流域
杭嘉湖平原	长江下游平原区（长江三角洲）	浙江	水网圩区型	太湖流域
温黄平原	长江下游平原区（长江三角洲）	浙江	平原洼地型	长江流域
大沙联圩	珠江三角洲区	广东	水网圩区型	珠江流域

3.3 典型涝区涝灾特点及成因分析

3.3.1 黑龙江三江平原

1. 基本情况

三江平原地处东北平原区，位于黑龙江省东北部，包括黑龙江、松花江与乌苏里江汇流的三角地带以及倭肯河与兴凯湖平原。全区土地总面积 10.57 万 km^2（占全省面积的 23%），其中平原区面积为 5.85 万 km^2，占全区总面积的 55.3%；山区面积为 3.74 万 km^2，占全区总面积的 35.4%；丘陵区面积为 0.98 万 km^2，占全区总面积的 9.3%。

根据三江平原各支流所在区域的自然地理、经济状况、承泄区条件等，可将三江平原划分为六大涝区，即萝北地区、同抚地区、挠力河地区、安邦河地区、倭肯河地区和穆棱河地区，六大涝区内的易涝总面积为 4796.03 万亩。

三江平原的挠力河位于三江平原腹地，是乌苏里江的最大支流，河流发源于黑龙江省七台河市境内哈达岭的黑山，由西南流向东北，流经宝清县、富锦市、饶河县，于东安镇附近汇入乌苏里江，全长 596.0km，流域面积 22343km²，其中平原面积 13766km²。现有耕地面积 1147.6 万亩，约占三江平原耕地的 1/3。

挠力河流域地形总趋势为西南高、东北低，地面比降 1/10000～1/5000，河漫滩呈条带状分布于干流左右岸，主河道上游窄、下游宽，滩面多沼泽地和牛轭湖。

挠力河干流在宝清镇以上为山区性河流，河长 183km，滩地比降 1/800～1/200。在宝清镇以下进入平原区成为典型的沼泽型河流，滩地坡降变缓，由宝清至菜咀子比降为 1/15000～1/1600。菜咀子以下又增大到 1/8000。主槽狭窄弯曲，河道蛇曲严重。

青龙莲花河位于三江平原东北部，东邻鸭绿江，西至松花江，南与七星河流域、别拉洪河流域接壤，北抵黑龙江。流域面积 2825km²，其中平原区面积 1692km²，低洼地面积 1007km²。

流域内西南高、东北低，地面比降 1/10000～1/8000，流域东西两侧较高，中间低，呈碟形洼地。区域内部地势平坦，微地形变化复杂，高岗、洼地较多，鱼眼泡、月牙泡星罗棋布，多年来排水不畅，常年积水，形成沼泽洼地。

该流域河网密度较小，流域内主要是莲花河，青龙河是莲花河的一大支流。莲花河发源于富锦市北部沼泽地，从西南流向东北，经八屯闸在街津口汇入黑龙江，全长 121.68km，流域面积 1842km²，是黑龙江、松花江滩地上的平原沼泽性河流，河道弯曲，河道比降 1/10000～1/7000。青龙河发源于张仰山下彭家林子一带沼泽地中，由东南流向西北，于青龙山西侧入莲花河，总长 61.6km，流域面积 983km²。青龙河属沼泽性河流，河道较为顺直。

2. 涝灾特点

（1）历年涝灾情况。

20 世纪 50 年代末，三江平原的耕地面积 1800 万亩，耕地大都分布在地形较高处，这时期涝灾并不突出，年受涝面积为 20 万～50 万亩，洪涝灾害严重的 1957 年也只有 73

万亩受涝，占当年耕地面积的 4.06%，比例不大。

至 70 年代中期，三江平原的受涝面积达到 100 万~250 万亩，春涝最严重的 1973 年受灾面积约 500 万亩，占当年耕地面积的 16%，比例已明显上升。

70 年代后期的 1975—1979 年，三江平原连续 5 年干旱，地表积水消退，沼泽干涸，当地农民向低洼地全面垦荒，5 年内耕地面积猛增到 4430 万亩。当 1981 年遭遇大涝时损失巨大，全区受灾面积达到 2850 万亩，占当年耕地面积的 64%。

80 年代初期至 2000 年，三江平原地区耕地面积达到 5265 万亩。同时期三江平原的防洪治涝工程列入国家计划，开始进行重点治理。当遭遇 1991 年重涝灾年时，全区受灾面积 2525 万亩，占当年耕地面积的 52.4%，由于修建了治涝工程，使区域防御涝灾能力提高，因此虽然 1991 年的涝情重于 1981 年，但受灾面积及受灾程度远小于 1981 年。90 年代后期三江平原进入了平水偏枯水文年，虽然涝灾不同程度减轻，但仍年年发生。

（2）涝灾特点。

三江平原地区地形平坦，微地形复杂，各河流大多为沼泽性河流，宣泄不畅。由于土壤质地黏重，渗透性差，使耕层土壤长期处于过湿状态，对农作物产生危害。涝、渍是三江平原耕地涝灾的主要表现形式。当地涝灾频繁，具有三年一大涝、一年秋雨两年涝、涝灾连年发生且涝情大于雨情、耕地受涝面积与耕地面积同步增长等特点。

3．涝灾成因分析

三江平原地域辽阔、河流众多、情况各异，洪涝灾害形成原因颇为复杂。影响较大的主要因素有气象、地形、土壤、水文地质、人类活动等。

（1）气象因素。

三江平原区属大陆季风气候区，夏季受大陆季风影响，由太平洋补给水气，形成集中降雨，每年 7—9 月降雨量占全年降雨量的 55%~70%。因而涝灾出现的概率较高。

本地区地处北疆，地理纬度高，冬季寒冷，结冻期长，一般在 10 月开始结冰，影响多余水分的排除，秋涝积水封冻后，既不能排出又不能下渗。在翌年春季土壤上层融冻后，下层未化冻为隔水层，上层土壤水分依然饱和，机械无法下地，难以播种，造成春涝。

（2）地形因素。

全地区的平原面积 5.85 万 km²，占总面积的 55.3%，地势低洼、坡度平缓，区内河流多为沼泽性，河道弯曲，主槽狭小，滩地杂草丛生，宣泄能力差。因而部分流域地表产流量大于流域年排水量，且汛期洪水流量大大超出河道安全承泄能力。本地区有重沼泽和泛滥地面积 1400 万亩左右，为汛期河流出溢后的漫淹之地，这些积水随着汛后天寒就地冻结，难以归槽，次年春暖缓缓排泄。

（3）土壤因素。

三江平原现有耕地主要分布在草甸土与白浆土类上，约占总耕地面积的 70% 以上。而草甸土、白浆土及沼泽土 3 个土类，均属于不同程度的易涝土壤。

（4）水文地质因素。

三江平原冬季寒冷，季节性冻土开始出现于 10 月末，并逐渐加深到 2.0m 左右，至来年 3—4 月表层开始融化，但地下较深的冻土层依然存在，使表层的溶冻水和大气降水不能下渗，在下层冻土层上部又形成临时性上层滞水，一直到 6 月上、中旬土壤冻层全部化通后才能消失。上层滞水有随降雨急剧升高的特性，直接影响到作物生长和机械耕作。冻层及上层滞水的形成是导致春涝的主要因素。

本地区内的部分地区，如松花江两岸的一级阶地前缘地带，在 2m 厚的地表覆盖层下面埋藏着深厚的砂和砂砾石，渗透性很强，使江水与两岸地下水有了直接的联系，潜水受大气降雨和江水渗入补给影响，使丰水期的潜水位升高，土壤处于饱和状态造成涝灾。

（5）人类活动影响。

三江平原前期垦建失调，水利建设旱年治旱、涝年治涝、治涝标准偏低，管理工作跟不上，削弱了工程的抗灾能力，近年来受灾程度虽有所减轻，但受灾面积依然不减。

3.3.2 河南天然文岩渠洼地

1. 基本情况

河南省天然文岩渠为黄河一级支流，位于华北平原区，该河道发源于焦作市武陟县，向东北方向流经新乡、濮阳两市所属的 8 个县，干流分南北两支，南为天然渠，北为文岩渠，至长垣县大车集汇合后称为天然文岩渠，至濮阳县三合村汇入黄河。流域长 160km，南北平均宽约 18km，流域面积 2514km²，现有耕地 217.86 万亩，主要农作物为小麦、玉米、红薯、水稻。

天然文岩渠属黄河冲积平原，地势自西南向东北倾斜，河源至河口高程由 87m 降至 60m（黄海高程），地面比降 1/6000。流域内土壤为黄河冲积土，大部分为沙壤土和轻粉质壤土。

该流域属暖温带大陆性季风气候，多年平均降水量 580mm，年际变化大年内分配不均，最大年降水量 1168mm，最小年降水量 158mm，6—9 月降水量占全年的 70% 以上。汛期几次降雨接踵而至是造成洪涝灾害的主要原因。

2. 涝灾灾情

历史上天然文岩渠流域洪涝灾害严重，新中国成立以来至 1962 年多年平均涝灾面积达 80 多万亩，1964 年调查的原生和次生盐碱地面积有 117 万亩，1965 年进行治理后，加上面上排水配套工程建设，涝灾减灾效果显著，1975 年统计全流域盐碱地面积由 117 万亩下降至 43 万亩。

流域内平均每 3～4 年就有一次较大的涝灾发生，洪涝灾情最重的是 2000 年。2000 年 7 月 3—7 日，流域内 3d 降雨量 384mm，干流河道全线超保证水位，堤防多处漫溢，大部分农田被淹，流域内的原阳、延津、封丘三县城和部分村庄积水，交通供电中断，农作物成灾面积 185.4 万亩，倒塌房屋 2.8 万余间，197 家企业被迫停产，直接经济损失达 14.9 亿元。

3. 涝灾成因分析

（1）发生超过河道排涝标准的暴雨。

据河南省水文水资源局编制的《河南省暴雨参数等值线图》（资料系列 1951—2000年），天然文岩渠流域年最大 3d 暴雨均值为 110mm，C_v 为 0.65，由理论频率计算，流域 3 年一遇 3d 设计雨量 113mm，5 年一遇 3d 设计暴雨量 150mm。自 1970 年以来主要大水年份的实际 3d 雨量 1974 年、1982 年都超过 3 年一遇，1970 年、1996 年超过 5 年一遇，2000 年最大 3d 降雨量 384mm 更是超过了 50 年一遇（323mm），1965 年按 3 年一遇除涝标准清淤疏浚后，经过几年运用，到 70 年代河道淤积排水能力下降，已不能承泄 3 年一遇的洪涝水，可见超标准暴雨是发生涝灾的主要原因。

（2）河道淤积严重，排涝能力低。

天然文岩渠流域为黄河冲积平原，由于受黄河迁徙泛滥的影响，面上窜沟、坡洼、沙丘很多，缓陡相间，变化比较复杂。受水力侵蚀和风力侵蚀影响，水土流失较严重，在流域面积 2514km² 内，水土流失面积有 2181km²，其中重度流失 171km²，中度流失 1079km²，轻度流失 931km²，土壤侵蚀模数达 1300～2500t/(a·km²)，1992—2001 年 10 年间天然文岩渠 3 条干流每年的淤积量在 50 万 m³ 左右。由于河道淤积，尤其是大洪水淤积量加重，造成河道断面减少，过水能力大幅下降。

（3）跨河桥梁损坏阻水，排水涵闸提排站工程年久失修，丧失排水功能。

根据 2005 年对天然文岩渠 3 条干流建筑物的调查，现有桥梁 121 座，涵洞 187 座，排水泵站 58 座，这些建筑物大多数建于 20 世纪六七十年代，年久失修，均存在不同程度的问题，121 座跨河桥梁中有 31 座梁板断裂成为危桥，部分生产桥主桥长度不够两端引道伸入河道滩地，阻水严重，影响河道行洪；排水涵闸有 85 座报废，大部分提排站土建部分损坏或机泵需要更换。排水工程失去排水功能，也是面上容易积涝成灾的原因。

3.3.3　山东小清河

1. 基本情况

小清河位于山东半岛，发源于山东省济南西郊睦里庄闸，至寿光市羊角沟独流入海，途经济南、淄博、滨州、维坊和东营 5 个市，全长 237km，流域面积 10572km²，是一条集防洪、除涝、引水灌溉、航运于一体的综合性利用河道。汛期，山洪和坡水流量湍急，洪涝灾害频发。

桓台县位于小清河中游，属淄博市辖县，其地貌形态与其下游四地市基本相同，属进洼又不见洼的低洼地，易涝是其共同特点。小清河桓台段设有调洪、蓄洪的金家拦河闸和青砂湖滞洪区。分洪调洪的分洪闸也在桓台县界首处，是中下游调洪、分洪的重要枢纽。

2. 涝灾灾情及特点

桓台县自古旱涝灾害频发，在历程上呈波浪式，这种现象是气候交替的一种表现形式。1386—2008 年历时 623 年中，共发生旱灾 236 次，其中，特大干旱 21 次，大旱 42 次，中旱 75 次，小旱 98 次。发生涝灾 119 次，其中特大涝灾 17 次，大涝灾 21 次。出现连续涝灾 32 次，旱涝交替 58 次，其中，连涝 2 年的 11 次，连涝 4 年的 4 次，连涝 5 年以上的 4 次。

3. 涝灾成因分析

（1）地理环境因素。

小清河流域，属季风雨源型、季节性、间歇性河道，平时径流较小，河流干枯，极易造成旱灾。每逢汛期，阴雨连绵，南部山区洪水汇集下泄，洪量集中，水流湍急。博山至小清河泄洪时间只需 9h，东撮龙河只需 7h，乌河只需 9h 洪水就进入桓台县境内，洪涝水来势凶猛，冲刷携带并搬运着大量泥沙和山区风化剥蚀物顺水而下，易造成河道决口或平地漫流。且因小清河干流沿线地势低洼，洪水到此流速减缓，又加小清河干流受海水顶托，水位壅高，汇集于县境北部的积水不能及时排出，因而造成大面积涝灾。因其为季节性泄洪河道，年径流量较小，且年内分配不均。每年7—9月河川径流量占全年的60%～70%，河川径流量年际间的变化，造成了年际间旱涝灾害的交替发生。

（2）气候特点因素。

小清河流域属于东部沿海季风环流区域。冬季风发源于西伯利亚，冷空气先在偏东气流引导下向西输送，与西来的冷空气汇合，然后折向东南，影响我国东北南部、华中、华南，盛行寒冷的偏北风。这股冷空气是影响冬半年气候的主要因素，其特点是寒冷少雪，占冷空气总次数的49%。夏季，海洋性气团能影响到内陆地区，受影响地区的降水分布与地区的气流来向有关，受海洋气流影响的地区，由于水汽充沛、气流不稳定以及地形抬升作用，表现为降雨的时间早、降雨强度大、雨区宽广。在夏季，随着大陆冷高压东移入海，小清河流域转为东南、西南环流控制，大量的水汽从印度洋和太平洋输入大陆，为夏季多雨创造了条件。这是产生降水的条件之一，当某些天气系统相互配合时（如锋面与高空槽相配合，低涡与切变线相配合等），就有可能形成暴雨，产生洪涝。另一个产生洪涝的天气系统是台风倒槽，它能在短时间内降雨100mm以上。

由于季风环流作用，雨带越境历时较短，造成雨量高度集中，从降雨分配上来看，年际间差异很大，1964年降雨1165.4mm，而1989年降雨198.06mm。年内降雨极不均匀，多集中在7—8月，占全年60%～70%，又多以暴雨形式降落，雨涝同期。因而造成春旱秋涝、晚秋又旱的气候特点，这是造成小清河流域旱涝灾害的根本原因。

3.3.4　安徽焦岗湖涝区

1. 基本情况

焦岗湖地处淮河中下游平原，是淮河中游北岸的一级支流，位于正阳关附近，南临淮河，西临颍河，东北有西淝河，流域面积480km²，人口39.3万人，耕地46.7万亩，分属安徽省颍上县、淮南市毛集实验区和凤台县的10个乡镇以及焦岗湖农场。焦岗湖主要支流有浊沟、花水涧和老墩沟。

焦岗湖入淮通道便民沟是人工河道，全长2.4km，沟口有焦岗闸与淮河相通。另外，刘集大沟处于流域西部，紧邻颍河，汇流面积82.6km²，当颍河水位较低时可自排入颍河，当颍河水位较高不能自流排出时，该流域涝水将通过刘集大沟汇入焦岗湖。

流域内地势西北高、东南低。北部地形平坦，地面高程为25～24m；中部为24～21.5m，岗洼相间；在东南低洼地处有常年蓄水区，湖底高程为15.5～16.5m，正常蓄水位17.75m，相应湖面面积约43km²。

焦岗湖流域自1970年起先后沿湖修筑了小圩，1991年大水后实施了联圩并圩，目前流域内有杨湖大圩、乔口圩、枣林大圩、毛家湖圩、农场圩等5个圩区，圩区总面积171.7km²。

焦岗湖流域骨干外排工程主要有焦岗湖闸、禹王排涝站、鲁口排灌站；主要排水大沟11条，长124km，排涝标准为3～5年一遇。

2．涝灾灾情及特点

（1）主要大水年灾情及分布。

目前，焦岗湖流域来水基本上都通过焦岗闸排入淮河。由于出口受淮河高水位顶托，汛期经常关闸，不能自流排水，洼地积涝成灾。自新中国成立后的 60 多年中，焦岗湖流域发生较大洪涝灾害的有 17 年，其中受灾最重的是 1954 年、1991 年、2003 年和 2007 年。焦岗湖流域历年洪涝灾情见表 3.3 - 1。

表 3.3 - 1　　　　　　　　　　　　焦岗湖流域历年洪涝灾情统计

年份	最高内涝水位/m	受灾面积/万亩	成灾面积/万亩	受灾人口/万人	转移人口/万人	倒塌房屋/间
1950	24.32	8.67		4.1		3179
1954	25.93	22.8		8.59		11827
1956	20.64	10.56		7.62		8964
1962		6.4				
1963	21.1	13.45		10.73		17649
1964	20.02	7.81		6.62		4175
1965	19.02					
1968	20.75	11.07		7.89		5128
1970	18.46					
1971	18.46					
1972	20.24	8.45		6.85		3004
1973	19.73					
1975	20.15	13				
1980	19.78					
1982	20.69	9.49		8.93		6241
1983	19.77	7.5				
1984	20.74	16.8				
1986	18.2					
1987	20.64	8.96		8.51		4115
1988	18.64					
1991	21.91	36.7	21.7	33.1	14	51356
1996	20.41					
1998	21.02					
2002	21.5					
2003	22.0	15	12.2	18.02	9.99	14253
2005	20.78	4.3	2.3	4.26	0.32	126
2007	21.57	14.4	3.6	9.13	3.2	1667

（2）涝灾特点。

焦岗湖洼地位居淮河干流沿岸，常处于外洪内涝双重压力之下，且高水位持续时间长，自流排水机会少，汛期淮河遇中、小洪水时，干流水位就高出地面，流域范围内来水无法外排，形成"关门淹"，淹没水深大，而且持续时间长，淹没水深一般为 2.0～4.0m，淹没时间一般为 30～60d。同时，由于特殊的自然地理条件，焦岗湖流域涝灾多发，平均 2～3 年就会发生一次涝灾。

3. 涝灾成因分析

（1）降雨强度大，发生超过河道排涝标准暴雨的机会多。

根据焦岗湖流域邻近凤台雨量站 1951—2007 年降雨统计资料进行分析，焦岗湖流域多年平均最大 1d、3d、7d 雨量分别为 89mm、137mm、167mm，历年最大 1d、3d、7d 雨量分别为 224mm、402mm、529mm，分别发生在 2007 年、1954 年、1954 年，分别是多年平均值的 2.53 倍、2.93 倍、3.17 倍。

该地区 5 年一遇设计最大 3d 暴雨为 167mm。由于特殊的地理位置和气候条件，流域汛期暴雨相对集中，出现超过本地除涝能力暴雨的概率较高。在 57 年实测资料中，最大 3d 降雨大于或接近 167mm 的有 15 年，每隔 3～5 年就可能受涝，特别是 21 世纪以来极端性气候条件频繁出现，连续发生大暴雨的概率较高。例如，1991 年、2007 年最大 3d 暴雨分别为 382.2mm、381.5mm，均超过 20 年一遇；2005 年最大 3d 暴雨为 248mm，约合 10 年一遇；2003 年最大 3d 暴雨为 181.5mm，约合 5 年一遇，均导致严重的内涝灾害。

（2）流域出口受淮河高水位顶托，形成"关门淹"。

目前，焦岗湖流域来水基本上都通过焦岗闸排入淮河。汛期淮河遇中、小洪水时，水位就高出地面，而且时间一般较长，焦岗闸虽可外拒淮水倒灌，但当地降雨，包括流域范围内的坡地来水，来量大，又无法外排，只能蓄积于焦岗湖内，由于湖区面积小、水深较浅，调蓄洪涝水的功能有限，形成"关门淹"。

从几个大水年汛期内外水位情况看，1991 年焦岗闸自 5 月 10 日关闸至 8 月 21 日开闸，共关闸 104d；2003 年自 7 月 1 日至 8 月 11 日共关闸 42d；2005 年自 7 月 1 日至 8 月 14 日共关闸 45d；2007 年自 7 月 1 日至 8 月 19 日共关闸 50d。关闸期间流域降雨除少量经泵站抽排外，大部分均滞蓄焦岗湖内，造成内湖水位上涨，形成洪涝灾情。

（3）缺乏高水高排工程，高水低排加重洼地内涝。

流域西北部省道颍（上）凤（台）公路以北、龚集至江店孜公路以西约 72.8km² 的岗地，地面高程为 24～25m，具有较好的自排条件，可自流排入颍河，但缺少排水出路，涝水只能通过花水涧、浊沟及老墩沟汇入湖区造成湖水位的上涨，加重了低洼地区的涝水负担，同时也增加了湖周边堤防的防洪压力，造成湖周低洼地区的洪涝灾害。

（4）部分洼地缺少骨干排涝设施，排涝标准偏低。

焦岗湖流域现有骨干外排站为禹王站和鲁口站，两站在排出圩内涝水后才兼排焦岗湖水。现有泵站抽排能力不足，装机容量不能满足全流域抽排要求，涝水不能及时排入外河造成内涝。

（5）配套工程不完善，影响骨干工程效益的发挥。

配套工程还未完成，部分控制闸老化失修。现有沟渠大多有堵坝，排水不畅，影响除涝骨干工程发挥作用。现有大沟部分桥梁建设年代较早，桥梁标准低，跨度小，阻塞过流断面，严重影响大沟排涝。

（6）管理薄弱，管理手段和管理设施落后。

工程管理手段和管理设施较落后，管理薄弱，造成现有工程不能有效发挥作用。2003年鲁口站因运行经费不落实等原因，导致开机不及时或开机不足，形成灾情。焦岗湖分属阜阳市颍上县、淮南市毛集区、凤台县和安徽农垦总公司焦岗湖农场，由于没有分级的防洪标准，防汛时防洪重点不突出，增加了湖周边的防洪压力和水事纠纷。

3.3.5　安徽澥河涝区

1. 基本情况

澥河洼地位于淮河中下游平原，澥河发源于淮北市濉溪县白沙镇潘庄，经宿州市、怀远县、固镇县于胡洼汇入怀洪新河，全长81km，胡洼以上集水面积757km²。

澥河流域自西北向东南倾斜，地面高程28～16.5m，地面坡降1/10000～1/6000。该流域属暖温带半湿润气候，多年平均降雨量870mm。雨量年内分布极不均匀，6—9月占全年的60%～70%，其余8个月仅占全年的30%～40%。流域内土壤多为砂姜黑土，土质贫瘠、黏重。

澥河长81km，集水面积757km²，耕地67万亩，人口48万人。流域自西北向东南倾斜，地面高程28～16.5m，地面坡降1/10000～1/6000。澥河下游两岸分布有6处生产圩，总面积5.75km²。

澥河流域农业生产以种植业为主，粮食作物有小麦、玉米、山芋等，也有少量水稻。经济作物有棉花、油菜、芝麻、花生、烟草等，耕地复种指数约为1.60。由于流域内洪涝灾害频繁，土地贫瘠，耕作方式落后，农业生产低而不稳，加上农村经济基础差，社会经济发展相对落后。

自新中国成立以来，澥河河道主要经过了3次治理，现状设计流量仅为5年一遇的24%～56%，由于治理标准低，堤防又不封闭，目前河道淤积严重，防洪除涝效果不佳。

2. 涝灾灾情及特点

（1）主要大水年涝灾情及分布。

自新中国成立以来，澥河流域内水灾频繁，据统计受水灾的年数达39个，占总年份的82%，农业产量低而不稳。比较大的水灾有1954年、1963年、1965年、1991年、1996年、1998年和2003年。由于澥河下游地势低洼，河道排涝能力严重不足，而上游来水迅速，稍遇大雨，下游即产生较高洪涝水位，造成大量的村庄被水围困，农田被淹。由于降雨年内年际分配不均匀，加上水利设施薄弱，抗灾能力差，水旱灾害频繁发生。年均受水灾面积濉溪2.86万亩，宿州1.89万亩。怀远在遭遇5年一遇水情时受灾3.4万亩，20年一遇水情时，受灾9.5万亩。固镇县河段地处下游，水灾尤为严重，1965年、1972年、1996年分别受灾10万亩、6万亩、6.25万亩。

1991年以来各大水年份涝灾灾情详见表3.3-2。

（2）涝灾特点。

澥河洼地灾情主要分布于河间平原区，以沿河两岸洼地为重。主要是由于排水系统不

表 3.3-2　　　　　　　　　1991 年以来各大水年份涝灾灾情表

年份	城市	受灾面积/万亩	成灾面积/万亩	受灾人口/万人	倒塌房屋/间	经济损失/万元
1991	蚌埠	2.5	1.4	1.5	1166	
	宿州	6.5	4.3	5.2	138	1900
1996	蚌埠	1.7	0.9	2.0	1342	
	宿州	8.7	5.8	4.9	110	2200
	淮北	30.65	8.11	4.11		1230
2003	蚌埠	2.8	2.6	1.3	1705	
	宿州	10.42	6.89	6.1	166	2800
	淮北	27.75	8.53	7.93		1730
2007	蚌埠、宿州、淮北	13.3	8.5	5.43		13500

完善，遇到强降雨，雨水不能及时排出而致涝，但淹没水深较浅，历时较短，淹没水深一般在 0.5～1.0m 内，淹没时间一般为 5～15d。

3. 涝灾成因分析

(1) 降水强度大、量大，发生超设计标准暴雨的机会多。

据濉河流域内罗集站 1975—2008 年降水量统计资料，年平均降雨量 832.8mm，汛期 6—9 月平均降水量 522.7mm，占全年平均降水量的 62%，最大降水量 1139.2mm，发生于 2007 年。

根据分析，罗集站 2005 年、2007 年最大 3d 降水量超过 20 年一遇，2003 年接近 10 年一遇，1984 年、1998 年、2000 年、2008 年超过或接近 5 年一遇。

从最大 30d 降水量来看，2007 年和 2003 年分别达到 686.8mm 和 645.4mm，超过或达到 20 年一遇；2005 年为 597.0mm，超过 10 年一遇；1996 年、2006 年、2000 年和 1984 年分别为 452.7mm、431.6mm、397.3mm 和 390.8mm，超过 5 年一遇。

通过濉河罗集站降水量分析，流域内降水强度大、量大，发生超设计标准暴雨的机会多。

(2) 河道治理标准低，淤积严重，排涝能力低。

濉河现状河道上游断面窄深，下游宽浅，方店闸以下河道淤积十分严重。根据濉河河道 2003 年汛后实测断面，进行泄流能力分析，在除涝水位条件下，现状河道泄流能力仅占河道 5 年一遇设计流量的 24%～56%，河道排涝能力严重不足。濉河河道虽经几次治理，但目前河道淤积严重，加之下游生产圩侵占河道过流断面，河滩上芦苇丛生，致使河道排涝能力严重不足。

(3) 跨河建筑物建设标准低，工程年久失修，阻水严重。

濉河河道上现有节制闸 3 座，自下而上分别为入怀洪新河河口处的老胡洼闸和方店节制闸、李大桥节制闸。根据计算，方店闸在 5 年一遇设计除涝水位条件下，闸孔过流能力仅为设计流量的 48.5%；20 年一遇设计排洪水位条件下，闸孔过流能力仅为设计流量的 45.0%。现状闸孔过流能力远不满足设计要求。建筑物阻水严重，造成上游来水不能顺畅下泄，壅高了上游水位，延长了高水位持续时间。

此外，为沟通两岸交通，当地部门、群众在河道上建设的交通桥梁受投资所限，大部分跨河桥梁孔径偏小，桥面高程低，或建设为漫水桥。还有些地方，因无桥而筑有潜坝，这些低标准桥梁和交通坝严重阻水，影响干流洪水下泄。

（4）受淮干高水位顶托，排水困难。

淮干大水年份，受怀洪新河分洪影响，胡洼闸上由于高水位顶托，水位居高不下，持续时间长，影响排涝。澥河由胡洼闸汇入怀洪新河，在怀洪新河分洪时，受闸下怀洪新河持续高水位影响，澥河内水下泄壅高胡洼闸上水位，若遭遇流域内强降雨，可能出现因洪致涝或灾情加重的情况。怀洪新河自建成以来，已于 2003 年和 2007 年为减轻淮河干流洪水压力分洪。

从 2003 年和 2007 年降水、怀洪新河分洪过程来看，2003 年怀洪新河分洪与流域内强降雨遭遇，胡洼闸下高水位顶托，澥河水位猛涨，内水外排困难，内水位高，且高水位持续时间长，灾情重。而 2007 年怀洪新河分洪时流域内基本无降水，分洪对澥河内水基本无影响。

（5）局部地势低洼，容易受涝。

淮北平原地形具有"大平小不平"的特点，沿岸局部低洼地受涝机会多；面上配套不完善，大沟淤积严重。澥河流域属淮北平原，虽地形平坦，但又具有"大平小不平"的特点，形成许多碟形洼地，河道高水位时洼地内水外排机会少，受涝机会多。加之河道沿岸局部低洼地较多，承受面上上游来水和河道高水位顶托双重压力，沟口无涵闸封闭，当干流水位高于沟内水位时，往往造成"敞口淹"。

（6）面上配套工程不完善，排水系统不通畅。

长期以来，由于投入不足，大中小排涝沟淤堵严重。群众为了生产、交通的需要，常在排水沟道上建有路坝阻水建筑，地头沟也大都被平毁。不少地方的小沟与中沟不通，中沟与大沟不通，大沟与河道不通。正所谓"一尺不通，万丈无功"。

跨河沟的桥梁存在桥跨偏小、设计荷载偏低等问题。大沟上还有部分桥梁是 20 世纪 50 年代建造的砖拱桥，孔径偏小，阻水严重。近年来，随着农村经济的发展、大吨位运输车辆的增多，部分桥梁被压坏，加上历次洪水冲垮的桥梁，形成新的阻水障碍。面上配套不完善已成为局部涝灾发生的重要原因之一。

3.3.6　江苏里下河涝区

1. 基本情况

里下河地区地处淮河中下游平原，位于江苏省中部，东临黄海、西至里运河、北自苏北灌溉总渠，南抵通扬运河，属江苏省沿海江滩湖洼平原的一部分，包括盐城市区、盐都、建湖、射阳、大丰、东台、兴化的全部和淮安市区、泰州市区、江都、高邮、宝应、阜宁、滨海、姜堰、海安、如皋、如东的一部分。总面积 21351km²，其中腹部地区总面积 11722km²、沿海垦区总面积 9629km²，耕地 1763.7 万亩，总人口 1204.9 万人。

里下河平原地势极为低平，而且呈现四周高、中间低的形态，状如锅底，中部有众多湖荡滩地，射阳湖和大纵湖周边区域高程仅 1.0m 左右，并且大致从东南向西北缓缓倾斜。里下河平原河网极为稠密，湖荡相连，地下水位高，湿生、沼生植物居多。

里下河腹部水网区四周高、中间低、呈碟形，80％的面积在 3.0m 以下，主要排水出路靠通海四港（射阳港、黄沙港、新洋港、斗龙港）入黄海。由于里下河腹部平原的高程低于其东侧的沿海垦区，如遇海潮侵袭，排水就发生困难，造成内涝。沿海垦区地势平坦，地面高程 2.0～3.0m，已形成多个相对独立直接入海的排水区。现状腹部地区排涝能力为 5～10 年一遇，沿海垦区排涝能力一般在 5 年一遇，局部仅3 年一遇。

2. 涝灾灾情及特点

（1）主要大水年灾情及分布。

里下河地区既是鱼米之乡，也是多灾之地。历史上平均 2～3 年出现一次水旱灾害。其中 1954 年、1962 年、1965 年、1991 年、2003 年、2006 年出现大洪大涝。里下河地区由于地势低洼，洪涝渍害的损失和影响比较大（表 3.3－3）。

1954 年，梅雨致灾。自 6 月 12 日至 7 月 30 日，梅雨期长达 49d。面平均雨量641mm，周边环境是江淮并涨，里下河腹部兴化水位为 3.09m，秋作受灾面积 744 万亩，麦作受灾面积 380 万亩。

1962 年，台风暴雨致灾。汛期 7 月 1 日至 9 月 15 日，里下河地区平均降雨 874mm，全区 2.3 万个圩子，破沉 1.41 万个，占 61％。圩区破圩后，兴化水位高达 2.93m，使965 万亩稻棉秋熟作物受淹。

1965 年，梅雨接台风暴雨致灾。里下河区在 6 月底入梅，7 月下旬形成高水位峰值，水位尚未退尽，8 月 17 日至 21 日遇 13 号台风，暴雨中心大丰闸站 36h 雨量达 841mm，雨量在 200mm 以上的笼罩面积达 31900km²，兴化最高水位 2.90m，破圩 960 个，受灾面积 916 万亩。

1991 年，特大梅雨致灾。自 5 月 21 日至 7 月 15 日，梅雨期长达 56d，比常年要多30d，梅雨总量大，连续暴雨多。里下河腹部水网区面平均梅雨量 965.3mm，破圩后，兴化水位最高达 3.35m，射阳镇最高水位 3.33m，里下河腹部地区 3.0m 水位以上围水面积9400km²。据里下河地区的 12 个县区统计，共破圩 1024 个，受涝面积 1327 万亩，损失粮食 19.9 亿斤（1 斤＝500g＝0.5kg），各市（县）城镇普遍受淹，直接经济损失 68亿元。

2003 年，梅雨致灾。6 月 21 日至 7 月 21 日面平均雨量达 580mm，仅次于 1991 年同期雨量 636.6mm，居历史第二位。雨量分布大致均匀，西部略大，南部略小，腹部中心兴化站 593mm，宝应站雨量最大为 786mm。兴化水位最高 3.24m，排新中国成立以来第二位，仅次于 1991 年的 3.35m。里下河全区受淹面积 1185 万亩，其中破圩 54 个，农作物受灾面积 1066 万亩，损失粮食 2.18 亿 t，各市（县）城镇普遍受淹，直接经济总损失81 亿元。

2006 年，梅雨致灾。6 月 21 日入梅到 7 月 12 日，里下河地区梅雨量为 373.7mm，大丰、古殿堡站雨量最大，为 561mm。兴化最高水位达 3.01m。里下河地区共有 12 个县213 个乡镇受灾，受灾人口 423 万人，6 座县城积水深度 0.4m 以上，受灾农田 720 万亩，涝灾造成直接经济损失 30 亿元。

表 3.3 - 3　　　　　　　　　里下河洼地受灾年份灾情统计表

年份	洼地名称	受灾面积/万亩	年份	洼地名称	受灾面积/万亩
1991	里下河洼地	1372	2000	里下河洼地	14
1992	里下河洼地	0	2001	里下河洼地	14.9
1993	里下河洼地	14.2	2002	里下河洼地	13.9
1994	里下河洼地	0	2003	里下河洼地	1066
1995	里下河洼地	17.3	2004	里下河洼地	0
1996	里下河洼地	18.3	2005	里下河洼地	210
1997	里下河洼地	0	2006	里下河洼地	720
1998	里下河洼地	16.7	2007	里下河洼地	600
1999	里下河洼地	9.1			

（2）涝灾特点。

1）降雨强度大，灾害损失严重。据统计，1954 年梅雨期面平均降雨量 641mm，秋作物受灾面积 744 万亩，麦作物受灾面积 379.5 万亩；1991 年遭受特大梅雨，兴化站梅雨量高达 1296.6mm，共破圩 1024 个，受涝面积 1327.5 万亩，直接经济损失 68 亿元；2003 年梅雨期面平均降雨量 580mm，受淹面积 1185 万亩，破圩 54 个，直接经济损失 81 亿元；2006 年梅雨期面平均降雨量 373.7mm，受淹面积 978 万亩，直接经济损失 41 亿元。

2）洪灾发生频率高，易遭受洪涝灾害。该区历史上平均 2~3 年就出现一次水灾，新中国成立后，发生了 1954 年、1962 年、1965 年、1991 年 4 次大洪大涝。尤其是 2003 年以来里下河腹部地区就发生了两次（2003 年、2006 年）大的洪涝灾害，均给当地经济社会发展带来较大的影响。

3）水位上涨快，洪涝灾害来得迅速。由于里下河腹部地区特定的地理条件，遭受大暴雨袭击后，极易形成水位暴涨。据统计，2006 年阜宁站最大日涨幅 0.82m，超过 1991 年的 0.52m、2003 年的 0.56m；2006 年盐城站最大日涨幅高达 1.04m，远大于 1991 年的 0.53m、2003 年的 0.55m。由于水位的暴涨，给水情调度和抢险救灾带来很大难度，容易导致大的洪涝灾害。

3. 涝灾成因分析

（1）梅雨因素。

梅雨，特别是梅雨期内的连续暴雨是涝灾形成的最直接原因。1991 年 5—7 月，梅雨期达 56d，暴雨中心兴化梅雨总量达 1302mm，降雨 1000mm 以上的范围达 4680km²，在破圩 1024 个的情况下，兴化最高水位达到超历史的 3.35m，受淹范围达 1327 万亩。

（2）地理因素。

里下河腹部地区为江淮平原的一部分，由长江、淮河及黄河泥沙长期堆积而成，整体为碟形盆地状，中部有众多湖荡滩地，射阳湖和大纵湖周边区域高程仅 1.0m 左右。连续降雨后，水位迅速上涨围困圩区，再通过入海四港缓排黄海。而兴化地面高程又明显低于周边县市地面平均高程，在区域范围极易形成涝灾。

兴化排水出路，主要由江都和高港两大水利枢纽抽排和入海四港自排入海。江都站距离兴化 70km，1991 年排涝时，江都站开机后 7d 兴化水位才发生变化；在增加高港站抽排后，2003 年两大枢纽也要开机 3d 兴化水位才开始下降。入海四港中，斗龙港对兴化排涝作用较为显著。由于客水汇集迅速，而外排时间过长，涝水易滞蓄在本区中，导致涝情加剧，产生灾害。

（3）排涝标准低、排涝动力短缺。

里下河腹部地区抗大涝的能力明显不足，河网涨水速度快，遇兴化水位 2.5m 以上时，就出现次高地淹没或圩堤溃决；沿海垦区排涝标准低，有的工程不配套，部分地区只有 3 年一遇。

排涝动力短缺，圩内涝水无法及时外排，导致涝灾产生。情况多种多样。例如，有的联圩无排涝站，有的联圩排涝动力严重不足，有的部分泵站老化严重、长期带病运作，有的泵站设计标准低，在内外水位差不断加大时，由于扬程不够而无法开机。

（4）湖荡无序围占、失去调蓄能力。

长期以来，湖荡开发面积不断增加，湖荡被无序围占，基本上失去了调蓄能力，有的滞涝圩内由于集镇建设和投资办厂，居住人口较多，事实上已经不能滞涝。1965 年尚有湖荡水面积 1073km²，1979 年减少到 495km²，目前湖荡水面积包括部分圩外河网仅有 59km²。

（5）台风因素。

在里下河腹部地区，台风主要发生在 7—9 月，而这段时间正是农作物生长的关键季节。台风一般每年影响 1～2 次。根据有关资料记载，自新中国成立以来，台风造成严重和比较严重影响的比例在 65% 左右。

3.3.7 湖北金水河地区

1. 基本情况

金水河地处长江中下游平原的江汉平原东部，跨湖北省江夏、嘉鱼、咸安及赤壁四县市（区），北临长江，东、南接幕埠山余脉，金水河由南向北汇流至金口入长江。金水河流域总面积 2616km²，含西凉湖、斧头湖、鲁湖三大湖泊，非汛期内湖积水由余码头闸和金口闸自排入长江，汛期则由余码头、马鞍山、金口等泵站提排入长江。

西凉湖属跨县市的湖泊，共有大小子湖 17 个。湖水由金口泵站、余码头泵站、余码头排水闸排入长江。西凉湖区大部分滨湖农田达到了 3～5 年一遇排涝标准。

斧头湖地跨江夏、咸安及嘉鱼三县（市、区），该湖北抵上涉湖，西以三洲至陈家垄的防渍堤为界，东南部为丘陵，湖岸曲折，由江夏和咸安的 13 个大小湖泊组成，承雨面积 1238km²。湖水流经金水河由金水闸排入长江。

鲁湖由三门、玉盆湖、蔡莫湖、张郑湖和西塆湖等 9 个子湖组成，承雨面积 314km²。排区内一级泵站现有装机容量共 20300kW，设计流量 232m³/s。

2. 涝灾成因分析

（1）提排能力偏低。

虽然区内湖泊面积较大，调蓄能力较强，但由于承雨面积很大，排区内的排涝模数只有 0.09m³/(s·km²)。1991 年 7 月金口和余码头两个泵站连续提排达两个月，才使湖水位降到起排水位。

（2）金水河道淤积，特别是上段淤积严重，河床增高 1m，西凉湖水顶托壅高，致使排涝不畅。

（3）湖堤、河堤堤身高度不够，每遇大暴雨，抗洪抢险任务重。

（4）实际运用中，由于西凉湖缺乏节制工程，不能控制调度，致使金水河水位长期居高不下，其下游沿河两岸及江夏区境内鲁湖一带低洼地区常因排水受阻而受灾。

3.3.8　湖北四湖地区

1. 基本情况

湖北省四湖地区地处长江中游平原区的江汉平原腹地，由长江、东荆河、汉江环绕，形成三面环水，背靠（西北部）荆门丘陵地区，内部地势低洼、河网密布、农业生产发达，是湖北省著名的鱼米之乡。行政区域包括荆州市的荆州区、沙市区、江陵县、洪湖市、监利县、石首市及荆门市的东宝区、沙洋县和潜江市等县（市、区）的一部分。四湖流域面积（内垸）为 10374.8km²，其中平原区面积 8161km²，耕地 414.08 万亩（标准亩有 800 万亩），其中水田 260.82 万亩、旱地 153.26 万亩，人口 412.26 万人。

该流域内有洪湖、长湖、三湖、白露湖 4 个重要湖泊，四湖地区原有湖泊 131 个，湖面逾 2000km²，到目前为止仅有湖泊 38 个，湖面 740km² 左右。

四湖地区年降雨多年均值为 1150mm。时间分布上，5—8 月降雨在 60% 左右，春夏期间（5—7 月），特别是 6 月中旬到 7 月中旬的梅雨季节，常有降雨集中、雨量大、持续性的暴雨造成洪涝灾害。

四湖排涝工程，经过近 50 年的建设，已经形成庞大而复杂的工程系统，总体上可划分为一级排水系统和二级排水系统。659 座二级泵站和大量涵闸，其主要功能是迅速地将田间多余水量排入一级排水系统中，以保护农田不受涝；一级排水系统是承担内垸涝水调蓄或向垸外排水的系统。

2. 涝灾灾情及特点

四湖地区当前存在着洪、涝、渍、旱多方面的自然灾害，但是以内涝和外洪灾害最为频繁，内部自然灾害主要是内涝，自 1949—2003 年 55 年间，出现较大涝灾有 15 次，平均每 3 年发生一次，最为严重的有 1980 年、1983 年、1991 年、1996 年、1999 年等年份，同时也是对农业生产引起变化起落幅度大的主要原因。例如，1980 年内垸受灾面积 284.17 万亩，其中内涝 124.07 万亩，绝收 93.42 万亩，内垸分洪 42.78 万亩。

3. 涝灾成因分析

四湖地区造成严重灾害的主要原因是雨期长、暴雨过程集中，又遇外江洪水顶托，涝水排泄不畅；同时，规划实施过程中，一方面重工程建设、轻配套和调蓄工程，另一方面规划需要建设的工程，迟迟得不到落实，使该区域的排涝标准达不到设计要求，致使涝灾频频发生，尤其是近十几年洪湖、总干渠等主体工程承载涝水能力已处在经常性的超设计、超负荷状态。

四湖流域是个大系统，其防洪排涝涉及范围广、牵扯问题多，虽经多年不断的治理，现仍存在着很多问题。例如，河道渠化变窄、排水不畅；湖泊围垦过度、调蓄能力下降；泵站配套不全、一、二级站失去平衡；设备老化、影响安全运行；行政划界、条块分割、多头管理、调度失控；内部防洪压力大，中下区局部外排能力不足等。

3.3.9 江苏苏南武澄锡低片

1. 基本情况

江苏省苏南的武（武进）澄（江阴）锡（无锡）地区是长江下游太湖流域北部的一片低洼平原（又称武澄锡低片），武澄锡低片位于锡澄运河两侧，西与太湖上游的湖西地区接壤，东与望虞河西侧的澄（江阴）锡（无锡）虞（常熟）高片毗邻，北依长江，南滨太湖，总面积1822km²。该区土地肥沃，河网纵横，气候温和，雨量充沛，交通便利，经济发达，人口稠密，区域内有无锡、常州两大城市，涉及锡山、江阴、武进三县（市），77个乡（镇），总人口约300万人，是江苏省最为发达的地区之一。

武澄锡低片以平原为主，有部分丘陵、山地，地面高程在5.50m（吴淞高程，下同）以上的面积约1190km²，主要分布在武进港、自屈港两侧及沿长江、太湖一带；圩内5.50m高程以下的低洼圩区面积约有472km²，主要分布在锡澄运河两侧、直湖港两侧及无锡市区周围，其中无锡市区及郊区部分地面高程仅为2.8～3.5m，区内水面积约为160km²。

2. 涝灾灾情及特点

武澄锡地区是长江下游太湖流域北部的一片低洼平原（又称武澄锡低片），武澄锡低片位于锡澄运河两侧，西与太湖上游的湖西地区接壤，东与望虞河西侧的澄（江阴）锡（无锡）虞（常熟）高片毗邻，北依长江，南滨太湖，总面积1882km²，区域内有无锡、常州两大城市，涉及锡山、江阴、武进三县（市），77个乡（镇），总人口约300万人，该区是江苏省最为发达的地区之一。

武澄锡低片以平原为主，有部分丘陵、山地、地面高程在5.50m（吴淞高程，下同）以上的面积约1190km²，主要分布在武进港、自屈港两侧及沿长江、太湖一带；圩内5.50m高程以下的低洼圩区面积约有472km²，主要分布在锡澄运河两侧、直湖港两侧及无锡市区周围，其中无锡市区及郊区部分地面高程仅为2.8～3.5m，区内水面积约为160km²，占全区总面积的8.8％。

3. 涝灾成因分析

（1）暴雨灾害。

江苏省太湖地区多年平均梅雨期长23.2d，多年平均梅雨量为208.4mm，经统计，1954年、1991年、1999年江苏太湖地区梅雨期天数和梅雨量分别比多年平均值增加94％～279％、180％～284％，其共同特点都是梅雨期长、降水日数多、降雨总量大、地区洪峰水位高、持续时间长且造成损失也较大。

1962年9月5—6日的台风暴雨，虽然降雨集中在两天内，但3d降雨量达252mm，造成地区洪水外排不及时、水位陡涨，形成灾害。

（2）地理地形因素。

武澄锡低片西有湖西沿运高片、东有澄锡虞高片，南北两侧地形也较高。区域低洼地总体上形似"锅底"，遭遇暴雨后虽然建有新闸和自屈港控制线，但武澄锡区仍是控制线启用前，早期洪涝水的聚集地，而区域北部的长江属感潮河段，水位在 1d 之内呈现两高两低的变化，尤以汛期高潮位较高，地区洪涝水一般只能靠沿江泵站抽排或在两个低潮时抢排入长江，外排洪水的能力受到了极大制约。区域南临太湖，太湖水位在洪水期间不断抬高后，不仅影响地区洪涝水入湖，而且太湖需要望虞河分泄洪水时，抬高了望虞河沿程水位，也大大削弱了望虞河排泄区域东部地区涝水的作用，使地区防洪形势更趋紧张。

（3）社会因素。

武澄锡虞区圩区总面积达 702km²，约占区域总面积的 20%，圩区外排能力不断增加，促使外河水位不断抬高，加大了城区的防洪压力和圩外坡地的淹没损失。过量开采地下水，也引起地面普遍沉降，新中国成立以来，无锡、常州等中心城区最大沉降量已超过1.0m，削弱了已有水利工程防洪能力。此外，联圩并圩和圩外水面积的减少加重了地区洪涝灾害。

3.3.10　浙江杭嘉湖平原

1. 基本情况

杭嘉湖平原位于浙江省北部、长江中下游平原区的长江三角洲，属太湖流域，包括嘉兴市全部、湖州市大部以及杭州市的东北部，西靠天目山、东接黄浦江、北滨太湖、南濒钱塘江杭州湾，总面积 12304km²，占太湖流域面积的 30%。地面形成东、南高起而向西、北降低的以太湖为中心的浅碟形洼地。平原上水网稠密，河网密度平均达到每平方公里 12.7km。杭嘉湖平原地势低平，平均海拔 3m 左右。以东苕溪导流港东大堤为界，分为西部山区和东部平原。东部平原区面积 6481km²；西部山区由苕溪流域和长兴平原组成，面积 5823km²。"水高地低，湖荡棋布，河港纵横，墩岛众多"是杭嘉湖平原的地貌特征。

该地区的气候为北亚热带季风气候，自古以来旱涝灾害多发。

2. 涝灾成因分析

造成杭嘉湖平原洪涝灾害的主要原因是降雨，成灾雨型有梅雨型和台风型两类。由于梅雨型暴雨总量大、历时长、范围广、平原水位持续上涨、高水位持续时间较长，因此是造成杭嘉湖平原洪涝灾害的主要因素。自新中国成立以来，太湖流域发生典型梅雨洪水灾害的年份有 1954 年、1991 年和 1999 年，其中"990630"洪水，致使杭嘉湖地区洪水直接经济损失达 108.8 亿元。

人类活动影响因素包括城乡一体化建设、圩区整治、地下水开采引起的地面沉降、边界条件改变（太湖水位、米市渡潮位抬高）等。

3.3.11　浙江温黄平原

1. 基本情况

温黄平原位于浙江东部滨海地区，椒江及灵江干流以南，乐清湾以北，东濒东海，涉及台州市的椒江、黄岩、路桥 3 区和温岭、陆海两县（市），面积 2357.7km²，人口

260.54万人，其中城镇人口142.21万人，农村人口127.36万人，耕地面积90.8万亩。

温黄平原的地形是西南高、东北低。西北与西南部为括苍、北雁荡等山脉，多高山峻岭。江北片地面高程一般为3.6～4.2m，仅新前一部分涂田较低，为2.8～3.0m。温黄片一般3m左右。北部的黄岩、路桥、海门一带略高，为3.0～3.2m。南部温岭地区较低，一般为2.6～2.8m，最低为1.8m。

地区气候属亚热带季风气候，温暖湿润，雨量充沛，四季分明。多年平均年降水量1467.2mm，降水量不仅年际变化较大，而且年内分配也很不均匀，其中3—9月的水量占全年的70%～80%，其余5个月仅占全年的20%～30%。流域内降水主要为春雨、梅雨和台风雨，其中台风暴雨是形成流域大洪水的主要因素。

温黄平原农业土壤按当地习惯命名，从东向西依次分布有海涂泥、咸土、淡涂泥、青紫隔黏土、培泥沙土、泥沙土、泥筋土、黄大泥、山地黄泥土、山地石沙土及高山香灰土等11种。前4种土壤一般为粉沙黏土，少数为砂壤土或海边粗砂土，主要分布在平原地区。后7种土壤主要分布在山区和半山区，土质松散透水。

2. 涝灾灾情及特点

温黄平原由于受台风、暴雨影响多，温黄平原洪涝灾害频发。加上地势低洼，温黄平原有相当一部分区域排涝能力不足5年一遇，这些区域每年都不同程度地受涝，常常是大雨大涝，小雨小涝，局部低洼易涝区甚至无雨也涝。自新中国成立以来，温黄平原遭受过多次较大的洪涝灾害，1952年7月中下旬一次连续降雨，金清水系雨量约320.0mm，淹没水深1.5～2.0m，淹水7～8d，平原内涝受淹农田达83万亩，粮食减产约0.54亿kg；"2002.9.13"涝灾，温黄平原严重内涝，60个乡（镇）、130.1万人受灾，农作物受灾面积7.84万亩，停产工矿企业4375个，直接经济损失为4.30亿元；受200414号台风"云娜"影响，温黄平原涝灾严重，农田最大淹没水深1.2m，淹没时间普遍达3d左右，损失亿元以上；"2009.9.30"涝灾，温黄平原城区大部分被淹，低洼地淹水1.5m以上，交通瘫痪，民房进水。受灾范围67个乡（镇），受灾人口97万人，农作物受灾面积4.15万亩，停产工矿企业5568个，直接经济损失为2.74亿元；"2010.7.26"涝灾，受淹没城镇80个，温黄平原的温岭、路桥等城区严重积水内涝，交通瘫痪，受灾人口164.3万人，直接经济损失达8.21亿元。

3. 涝灾成因分析

（1）水文气象因素。

温黄平原位于浙江省东部沿海，属亚热带季风气候区，强降雨频繁发生。常见引起暴雨的天气系统主要有锋、气旋、切变线、低涡、槽、台风、东风波和热带辐合带等。春夏之交锋面雨常在流域中上游上空停留形成强度较大的梅雨过程，在夏秋季节常受台风影响而形成强度大的台风暴雨过程。近些年，由于气候变化，突发的强对流天气逐渐增多，导致温黄平原受涝次数和程度呈增加趋势。

（2）地理位置及地形因素。

由于特殊的地理位置，温黄平原上游山区来水多，洪水集中快，而下游地势平坦，河道比降小，断面窄，水流速度缓慢，院桥、螺洋、泽国及温岭西部平原为洪涝灾害的重灾区。这几个区域地势低洼，周边环山，源短流急，地形特征是这几个地区极易发生洪涝灾害的一个重要原因。温岭西部平原地区，东、西两部均为山区，汇水面积大，山水迅速汇入中间的平原河网区，而该片区域地势相对低洼，距离江厦隧洞和金清大港的排水口较远，涝水无法及时排泄，造成该地区的洪涝灾害时有发生。

3.3.12　广东大沙联围

1. 基本情况

大沙联围位于珠海市西北部，斗门区北侧，属于珠海市斗门北部农业生态园（包括莲洲镇全镇、白蕉镇和斗门镇的北部地区）范围，是珠海市最为重要的农业产业基地。围内集水面积 37km²，保护农田 3.72 万亩，人口 1.64 万人。

在斗门区北部，西江分为磨刀门水道、螺洲溪、荷麻溪、涝涝溪、涝涝西溪等 5 支分流入境，分别形成三沙联围、上横联围、大沙联围和竹银联围，进而分为磨刀门、鸡啼门、虎跳门 3 支干流，由北向南纵贯全境，分口注入南海。西江诸多分流水道沿岸均已筑堤联围，水流受到有效制导，因而河道基本形成稳定的平面形态。大沙联围位于螺洲溪右岸、荷麻溪和赤粉水道左岸。

大沙联围涝区属滨海低沙田，农田灌溉、排涝主要以潮汐灌排为主，潮汐上涨时，管理人员将水（涵）闸闸门关闭挡潮；潮汐低时，将水（涵）闸闸门开启。若遇台风、大暴雨、西江洪水和遇外江潮水位顶托影响，围内涝水由水（涵）闸不能自排时，则利用机电排灌泵站进行强排水，以保障联围区内农田、工业和人民的生命财产安全。

围内共有大小排河 16 条，其中有中联、莲溪、西安等主排河共 8 条，主排河共长 24.83km，沙厂主支河、石排冲支河等支河 8 条，总长 13.6km。围内排河为土渠，河堤低矮，岸线不规整。主排河河面宽度为 18～22m，水深 0.8～1.2m，支排河宽度为 3～6m，水深 0.2～0.8m。河道淤积严重，排水能力严重不足。

大沙联围现状堤防长度为 26.31km，有外江堤防水（涵）闸 17 座，联围外江堤后泵站 20 座（其中西安泵站为中型泵站，其他为小型泵站），围内泵站 19 座及穿堤涵窦 27 座等工程。

2. 涝灾灾情及特点

大沙联围受风暴潮侵袭频繁，凡是强台风在深圳至阳江、电白间沿海登陆，都会对本地区造成严重影响，台风伴随暴雨，遇大潮则形成风暴潮。围内易造成洪、潮、涝灾并发，造成重大的经济损失。

据斗门气象记录，斗门区 1964—2011 年发生洪、潮、涝灾达 39 次之多，几乎每年都受灾，多的一年受灾 2～3 次。其中围内受灾严重的年份有 1983 年、1989 年、1993 年、1994 年、2003 年、2006 年、2008 年、2009 年。

1994 年 7 月 21—25 日，大沙联围经历近 30 年来所未有的特大暴雨，降雨持续了 5 个昼夜。大沙联围莲溪新五顷堤防决堤，围内平均水深 3.5m，造成大沙联围 3.72 万亩农田受淹，直接经济损失达 5255.06 万元。

2003 年 7 月 24 日受强台风"伊布都"外围袭击，阵风 11 级，强暴雨及超高潮水位，联围内低洼农田受水浸，联围经济损失为 893.37 万元。

2006 年 8 月 3 日受台风"派比安"的影响，联围内出现了高潮水位现象，最高降雨量达 345mm。造成低洼地方受浸严重，该台风是联围历年来影响最严重的一次，农业损失重大，涝区经济损失为 1290.9 万元。

2008 年 9 月 24 日"黑格比"台风期间，大沙联围粉州新围约 1.6km 过水，造成农作物受灾，水利工程损毁严重。

受台风影响，洪、潮、涝灾灾害并发且频繁，随着城镇化的快速发展，受灾损失越来越大。

3. 涝灾成因分析

由于大沙联围地处西江干流下游，上游洪水下泄直接威胁着境内沿岸地区的安全。当洪水下泄又遭遇风暴潮时，风暴潮使外江水位更加高涨，围内作物区地面高程以及围内排涝河涌水面高程低于外江水面高程，所有外江水闸均不能自排，围内涝水均需要通过排涝泵站进行强排。

目前大沙联围现有外江堤防小型泵站共 15 座，总装机 1338kW，排水流量 20.96m³/s。由于这些泵站大部分在 20 世纪 60—80 年代建造，受当时资金条件限制，基础未进行妥善处理，沉降较大，结构变形损坏严重，钢筋外露锈蚀，机电设备残旧老化和带病运行，泵站效率低，机组在汛期频繁运行，故障率较高，一旦机组出现故障，便容易造成涝水无法排出，形成涝灾。

3.4　涝灾成因综合分析

3.4.1　涝灾主要成因及分类

洪涝灾害具有双重属性，既有自然属性又有社会经济属性。它的形成必须具备两方面条件。一是自然条件，主要影响因素有地理位置、气候条件和地形地势。产生涝情的成因十分复杂，自然方面的因素主要有以下几方面：降雨因素，我国绝大多数的涝灾是由降雨所引起；地形因素：地形低洼，坡降平缓，湖沼分布，地表径流不畅；土壤因素：土质黏重，透水性差；承泄区因素：河网调蓄能力弱，承泄出路不足；水利工程因素：水利化程度低、工程不配套，纳渍量不足。二是社会经济条件，只有当洪涝发生在有人类活动的地方才能成灾，人类活动方面的因素有毁林、扩大耕地面积、围湖造田，增大了涝水流量，造成排涝能力不足等。

1. 自然因素

（1）降雨因素。

我国的涝灾绝大多数是由降雨引起的。暴雨的发生主要是受到大气环流和天气、气候系统的影响，是一种自然现象。但暴雨对社会的生产、生活是否造成灾害，则取决于社会经济、人口、防灾抗灾能力等诸多因素。天气和气候因素是引发暴雨的直接原因。近年来许多地区极端天气现象频发，暴雨强度大、历时长，加重了涝灾程度。例如，淮河流域里下河地区 1991 年兴化的梅雨总量达 1302mm，破圩 1024 个，最高水位达到超历史的 3.35m，受淹 1327 万亩；长江中下游地区极易受梅雨型和台风型强降雨引起洪涝灾害，如武澄锡虞区 1962 年 3 日降雨量达 252mm，造成地区洪水不能及时外排、水位陡涨，形成灾害。

（2）地形因素。

当暴雨发生以后，地理环境成为影响灾害发生的重要因素。地理环境包括地形、地貌、地理位置和江河分布等。我国面积广大，地形复杂，既有高原和大山，也有平原、盆地和丘陵。不同的地形对暴雨形成灾害的影响是不同的。高原和山地在暴雨的作用下，最易诱发滑坡和泥石流等次生灾害。盆地和山间平川地带一般来说地面坡度较大，沿河多为阶梯台地，排水条件较好，不致造成重大涝灾。平原地区由于其地势平坦，面积辽阔，易发生漫渍型的涝灾，地势低洼、坡度平缓、河流宣泄不畅是其主要特点。例如，黑龙江三江平原地势低洼、坡度平缓，微地形复杂，区内多为沼泽性河流，宣泄能力差，致使其三年一大涝、一年秋雨两年涝、涝灾连年发生。

（3）土壤、地下水因素。

土壤透水性差、土质黏重，或有黏土隔层，致使农田排水不良，土壤含水量长期高于农作物的耐受能力，致使农作物的生长发育受到影响或抑制，常常会造成农作物的渍害。

地下水位较高时，由于地下水自下而上或侧向渗入，致使农田地下水位过高，农作物根系受损，导致作物的生长发育受到影响而形成渍害。例如，淮北平原广泛覆盖着不同厚度的属第四纪上更新统河湖相沉积物，主要是砂姜黑土。这种土壤质地黏重致密，孔隙率较小，透水性能差，干时坚硬，多垂直裂缝，湿时泥泞。雨后地下水位极易上升到地面，而横向地下水运行迟缓，易发生涝、渍灾害。

（4）承泄区因素。

涝水形成后即进入承泄区，沟渠、河流、洼地、湖泊、湿地等均可以作为涝水的承泄区。承泄区是排涝系统的一个重要组成部分，对排涝有着举足轻重的意义，担负着承上启下的作用，既要完成承纳涝水的功能，又要完成宣泄涝水的任务，相当于接纳涝水的一个或多个临时或是最终的受纳体。如果承泄区的容量或宣泄能力不足，则会造成涝水无法及时排出，导致涝灾。

如焦岗湖洼地位居淮河干流沿岸，汛期淮河遇中、小洪水时，干流水位就高出地面，流域范围内来水无法外排入淮河，形成"关门淹"，特殊的自然地理条件，造成焦岗湖流域涝灾多发，平均2~3年就会发生一次涝灾。

2. 社会因素

（1）水利工程因素。

目前我国大多数地区的治涝标准偏低，这是形成涝灾的主要原因。我国幅员辽阔，受地形地势、水文气象、经济文化等自然社会环境因素的影响，治涝问题较为复杂，长期以来重视不够、投入不足，整体排涝标准普遍偏低。目前我国农田的排涝标准多为3~5年一遇，绝大部分地区达不到10年一遇，我国城市的排涝标准多为10年一遇或不足10年一遇。因此，一旦遭遇较大暴雨，涝情就比较严重。

排涝工程体系不完善，布局不合理。目前许多地区排涝设施不完备，排涝体系不完善，或是仅有零星的排涝设施，根本谈不上排涝体系。即便是已形成排涝体系的地区，其排涝工程布局也不尽合理。还有的地区排涝设备落后、排涝设施老化失修、运行效率低或不能正常运行等，严重影响了排涝能力。

（2）人类活动影响。

人类活动的不利影响大大加剧了涝灾的危害程度。围湖围江造田、河湖滩地造田以及侵占河道等，导致湖泊的数量和面积急剧减少，河流宣泄不畅，调蓄能力大大下降。另外，改革开放 40 余年来，地区经济有了很大的发展，但大部分农田已改变了其原有的用途，被征用作为工业用地和住宅用地，加大了暴雨径流系数，减少了蓄涝能力，使能够吸纳水分的土地面积不断缩小。破坏森林植被，引发水土流失，致使灾害加剧。有的大中城市由于过量抽取地下水，引起地面沉降，也加剧了城市涝灾。如此种种，一旦遇较大暴雨或持续性降雨，河湖等承泄区槽蓄能力不足，河水暴涨，泛滥成灾，涝水没有出路，无法排出，形成涝灾。

湖荡无序围占、失去了调蓄能力，加剧了涝灾。例如，里下河地区 1965 年尚有湖荡水面积 1073km²，1979 年减少到 495km²，目前湖荡水面积包括部分圩外河网仅有 58.5km²。又如，温黄平原过量开采地下水导致地面沉降，局部达 0.9～1.5m，成为沼泽地和易淹区，海水逐渐入侵，加剧了涝灾。其他地区，如无锡、常州等中心城区最大沉降量已超过 1.0m。

3.4.2 不同类型涝区涝灾主要成因分析

降雨是引起涝灾的最直接因素，但涝灾的形成还与自然地理特征、土壤条件、排水体系、人类活动等因素有密切的关系。不同类型涝区的地形、地貌、排水条件大不相同，形成涝灾的主要因素也各不相同。

1. 平原坡地

平原坡地型涝区地域广阔，地势平坦，虽有排水系统和一定的排水能力，但在较大降雨情况下，往往因坡面漫流或洼地积水而形成灾害。

平原坡地型涝区产生涝灾原因主要有以下几个方面：一是流域内降水强度大，发生超设计标准暴雨的机会多；二是地形平坦、河道比降小，排水缓慢；三是河道治理标准低，排涝能力低；四是流域内面上配套不完善，排水系统不通畅。

2. 平原洼地

平原洼地地貌特点近似于平原坡地，因受河、湖或海洋高水位的顶托，丧失自排能力或排水受阻，或排水动力不足而形成灾害。

平原洼地型涝区产生涝灾的原因主要有以下几个方面：一是平原洼地主要分布在沿江、河、湖、海周边的低洼地区，受外河洪水顶托涝水难以自排形成"关门淹"，因洪致涝严重；二是涝区内强降雨频繁，发生超标准暴雨的机会多；三是治涝标准低，排水动力不足；四是围湖造田与水争地使河湖滞蓄能力降低。

3. 水网圩区

水网圩区地形低洼，河网水位全年或汛期超出耕地地面，须筑圩（垸）防御，并依靠动力排除圩内积水，当排水动力不足或遇超标准降雨时，则形成涝渍灾害。

水网圩区型涝区产生涝灾的原因主要有以下几个方面：一是水网圩区主要分布在我国南方地区的江河下游，梅雨期里的连续暴雨或汛期台风雨是涝灾形成的最直接原因；二是水网圩区地形低洼，地面高程大多低于河网水位，涝区洪涝水一般只能靠泵站抽排或外河低水位时抢排入外河（湖），外排洪涝水的能力受到了极大制约；三是湖荡被无序围占，降低或失去了调蓄能力，从而加剧了涝灾的发生；四是排涝标准低，排涝动力短缺，排水能力不足。

4. 沼泽湿地型

沼泽平原地势平缓，河网稀疏，自然条件下排水能力低，易发生涝渍灾害。

沼泽湿地型涝区产生涝灾的原因主要有以下几个方面：一是沼泽湿地地势平缓，河网稀疏，河槽切割浅，主槽狭小，宣泄能力差，雨季潜水往往到达地表，当年雨水第二年方能排尽；二是我国沼泽平原的易涝易渍耕地主要分布在东北地区的三江平原，地处北疆，冬季寒冷，结冻期长，影响多余水分的排除，秋涝积水封冻后，在翌年春季土壤上层融冻后下层未化冻为隔水层，上层土壤水分依然饱和，冻层及上层滞水的形成是导致春涝的主要因素；三是三江平原70%以上现有耕地主要分布在草甸土与白浆土类上，而草甸土、白浆土及沼泽土3个土类，均属于不同程度的易涝土壤；四是三江平原前期垦建失调，治涝标准偏低，管理工作跟不上，也削弱了工程的抗灾能力。

3.4.3 涝灾成因简述

东北平原的三江平原，嫩江、松花江干流中下游平原以及辽河中下游等易涝地区地势平坦、地下水位高、排水能力差、易结冻而形成渍涝灾害。

淮河中下游平原、沿淮两侧及其支流尾闾；华北平原黄河冲积平原、长江流域江汉平原以及东北的辽河平原、松嫩平原等易涝地区，常因受河湖高水位顶托或河道排水不畅，造成涝水不能自排或河道比降平缓、排水能力不足而成灾。

长江流域洞庭湖、鄱阳湖滨湖地区、淮河里下河地区以及太湖流域大部分平原水网地区、珠江三角洲河网地区，是中国涝灾最严重的地区。这些地区雨量丰沛、地势低平，由于外河洪水位或海潮的顶托，涝水自排困难，抽排能力不足，易形成洪涝灾害。

黄渤海、东海和南海沿海部分平原地区的易涝区大多由围垦滩涂形成，地面低平，除受外江洪水威胁外，还受台风和暴潮的影响，洪潮涝等多种致灾因素相互作用。

中国易涝地区现状排涝能力普遍偏低，现状排涝标准一般不足5年一遇，许多甚至不足3年一遇，大部分易涝区还由于江河汛期洪水位顶托涝水或支流排洪标准低，洪水期间涝水排泄困难而加重涝灾。随着江河防洪标准的不断提高，易涝地区排涝标准低的问题日益突出。

参 考 文 献

[1] 国家防汛抗旱总指挥部办公室，水利部南京水文水资源研究所.中国水旱灾害 [M].北京：中国水利水电出版社，1997.

[2] 中华人民共和国水利部.SL 723—2016 治涝标准 [S].北京：中国水利水电出版社，2016.

[3] 李燕，夏广义.淮河中游易涝洼地涝灾特性及成因研究 [J].水利水电技术，2012 (6).

[4] 赵文韬，赵永继.里下河腹部地区涝灾成因分析 [J].江苏水利，2004 (9).

[5] 李永和.杭嘉湖平原洪涝整治对策 [J].浙江水利科技，2000 (1).

[6] 张淑芬，姜洋，董瑞民.辽宁省涝灾与涝灾成因分析 [J].辽宁农业科学，2006 (1).

第4章

治涝水文计算方法分析评价

　　治涝水文计算方法是分析设计排涝流量、确定治涝工程规模必要而又十分重要的方法，也是评价现状排涝能力的标尺。治涝水文成果是否合理，对治涝规划布局、工程规模、投资和效果影响很大，因此合理确定治涝水文计算成果十分重要，其中治涝水文计算方法是关键。设计排涝流量主要与设计暴雨历时、强度和频率、排水区面积、保护对象耐淹程度、河网和湖泊的调蓄能力、排水沟网分布情况及排水沟底比降等因素有关，十分复杂。我国幅员辽阔，地形地貌、水文气象、农业生产及经济社会发展等方面差异很大，南北方、东西部地域间及省内各地区间的治涝水文计算方法及参数不尽相同。由于采用不同计算公式或计算习惯，相同排涝标准下所对应的设计排涝流量标准差异较大。分析评价我国不同地区治涝水文计算方法的目的是，摸清我国易涝平原地区现有治涝水文主要计算方法和存在问题，对比我国不同地区现行治涝水文计算方法和成果，以便为规范治涝水文计算方法服务。

4.1　平原涝区气象水文特点

4.1.1　气象特点

　　我国主要平原地区位于我国的东部季风气候区，多年平均降水量在 $400\sim2000\text{mm}$ 之间，自南向北递减。主要雨季变化情况如下：华南南部沿海从4月中旬开始，6月进入长江中下游及淮河流域，7—8月到华北和东北平原，9—10月结束。年降水量主要集中在雨季，主要雨季降水量可占全年降水量的 $60\%\sim80\%$，降水集中程度北方大于南方。

　　根据气象灾害丛书《暴雨洪涝》（丁一汇、张建云主编），我国暴雨过程持续的时间从几小时到63d不等，主要暴雨过程时长一般在 $2\sim7\text{d}$。华北半湿润气候区（华北平原），暴雨可持续 $2\sim3\text{d}$ 以上；长江流域平均日数：华中、华南地区为3.2d，绝大多数暴雨过程持续 $2\sim4\text{d}$，85%的暴雨过程持续日数为 $2\sim5\text{d}$，持续6d以上的占14%。华南前汛期暴雨也有明显的持续性，尤其是华南南部的广东沿海地区，平均可持续 $2\sim4\text{d}$。

4.1.2　主要平原涝区水文特点

1. 坡地型涝区

坡地型涝区主要分布在大江大河中下游的冲积或洪积平原，地域广阔，地势平坦，但存在一定的坡度。坡地型涝区水文特点是汇流方向总体趋势一致，各河段水流方向比较单一，涝水依靠重力自然排泄（即自排），但在较大降雨情况下，往往因坡面漫流或洼地积水，造成涝水排泄不畅，形成灾害。

2. 洼地型涝区

洼地型涝区主要分布在沿江、河、湖、海周边的低洼地区。其水文特点是承泄的干流河道、湖泊或海洋持续较长时间的高水位，低洼地区积涝水易被顶托，丧失自排能力而形成灾害。当承泄区水位高于涝区水位，涝水受承泄区水位顶托时，需采取抽排的方式排除涝水；承泄区水位低于涝区水位时，涝水可自排。

3. 水网圩区型涝区

水网圩区型涝区分布在江河下游三角洲或滨湖冲积、沉积平原，地势十分平坦，排水区坡降不明显。其水文特点是水网密布、河汊纵横，水力坡降不明显，导致水流方向不定，当遭遇暴雨时，水网水位汛期常超出耕地地面，须筑圩（垸）防御，并依靠动力排除圩内积水。

4.2　典型易涝区

我国主要易涝平原地区，包括东北平原涝区、华北平原涝区、淮河中下游平原涝区、长江中下游平原涝区、珠江三角洲平原涝区及其他平原涝区，涉及黑龙江、辽宁、吉林、河北、山东、河南、安徽、江苏、浙江、湖南、湖北、江西、广东、陕西、四川等省。

为便于除涝水文计算方法分析比较评价，典型易涝区主要选择可运用多种计算方法且水文资料条件较好的地区。

根据上述原则，主要的典型易涝区选择南四湖湖西地区的大沙河排水区、黑龙江省三江平原的穆棱河涝区、辽宁省的蒲河涝区、河南省的豫北天然文岩渠涝区、安徽省淮北平原的澥河洼涝区、江苏省的五灌河涝区、湖南省洞庭湖周边的平原涝区等。

4.3　治涝水文计算方法和参数

4.3.1　各省计算方法分析

收集了黑龙江、吉林、辽宁、河北、山东、河南、安徽、江苏、浙江、湖北、湖南、江西、广东、四川和陕西15个省及其部分地市的现行治涝水文计算方法，主要易涝区的治涝水文方法按照自排与抽排两种方式分类，见表4.3-1和表4.3-2。

表 4.3-1 不同省份主要易涝区自排方式治涝水文计算方法汇总

区划	省份	设计暴雨时段	产流计算	排模排涝模数计算方法	适用条件
东北平原涝区	黑龙江	24h	降雨径流关系	$M=\dfrac{R}{86.4T}$	旱地
		3d	扣损法	$M=\dfrac{P-(D+E)-H}{86.4T}$	水田
	吉林	1d	降雨径流关系	$M=\dfrac{R}{86.4T}$	旱地
		1d	扣损法	$M=\dfrac{P-(D+E)-H}{86.4T}$	水田
	辽宁	3d	降雨径流关系	$M=0.0127R^{0.93}F^{-0.176}$	辽宁省中部平原涝区
华北平原涝区	河北	3d	降雨径流关系	$M=0.022R^{0.92}F^{-0.2}$	$30\sim1000\mathrm{km}^2$ 一般平原涝区
				$M=0.032R^{0.92}F^{-0.25}$	黑龙港地区地区
	山东	3d	降雨径流关系	$M=0.172RF^{-0.25}$	鲁北海河流域低洼地区，旱地
	河南	"64雨型"	扣损法	$M=0.024RF^{-0.25}$	金堤河流域、徒骇马颊河流域
淮河中下游平原涝区	山东	24h	扣损法	$M=\dfrac{P-H}{86.4T}$	水田
		3d	降雨径流关系曲线，初损后损法	$M=0.031RF^{-0.25}$	南四湖湖西平原洼地
				$M=0.035RF^{-0.25}$	梁济运河流域湖东区
		1d		$M=0.055RF^{-0.25}$	南四湖湖东平原洼地
				$M=0.033RF^{-0.25}$	邳苍郯新地区平原地区
	河南	3d	降雨径流关系	$M=0.026RF^{-0.25}$	淮北平原，$50\sim5000\mathrm{km}^2$
		24h	降雨径流关系	$M=\dfrac{R}{86.4T}$	淮北平原，在 $50\mathrm{km}^2$ 以下
	安徽	3d	降雨径流关系	$M=0.026RF^{-0.25}$	淮北平原，$50\sim500\mathrm{km}^2$
		24h	降雨径流关系	$M=\dfrac{R}{86.4T}$	淮北平原，在 $50\mathrm{km}^2$ 以下
	江苏	1d、3d、7d	降雨径流关系	单位线法、总入流槽蓄演算法	苏北地区
			降雨径流关系	水网模型法	里下河水网区
长江中下游平原涝区	安徽	3d	降雨径流关系	$Q=\dfrac{f_{水田}(P-h_{蓄})+f_{旱地}\alpha P+f_{沟}(P-h_{沟})-E}{3.6Tt}$	沿江圩区，水旱地混合
	江苏	1d	扣损法	$M=\dfrac{R}{86.4T}$	苏南地区，水田
		1d	降雨径流关系	$M=\dfrac{R}{86.4T}$	苏南地区，旱地、菜田
	浙江	3d	扣损法	一维非恒定流河网模型计算	平原河网地区

区划	省份	设计暴雨时段	产流计算	排模排涝模数计算方法	适用条件
长江中下游平原涝区	湖南	3d	径流系数法	$M=\dfrac{P-ET-H}{86.4T}$	常德市面积小于 10km^2，水旱地
		24h、3d	径流系数法	$M=\dfrac{R}{86.4T}$	常德市面积小于 10km^2，菜地，24h 降雨；岳阳市为 3d 降雨
	湖北	3d	径流系数法	$M=0.017RF^{-0.238}$	面积 500km^2 以上（湖北省现很少用该方法）
				$M=0.0135RF^{-0.201}$	面积 500km^2 以下（湖北省现很少用该方法）
珠江三角洲平原涝区	广东	24h	径流系数法	$M=\dfrac{f(P-h)+f\alpha P-V}{86.4T}$	滨海地区，不分地类
		24h		新疆水利设计程序 A—3、广东省综合单位线和推理公式	小流域，不分地类
		24h	径流系数法	水量平衡演算法	不分地类
其他	四川	24h	初损后损法	平均排除法	圩区内无较大湖泊、洼地作承泄区，不分地类
		24h	扣损法	推理公式法	
	陕西	1～3d	径流系数法	平均排除法	陕西渭南旱地

表 4.3-2　　　　　　　　我国不同省份抽排方式治涝水文计算方法汇总

区划	省份	设计暴雨时段	产流计算	排模排涝模数计算方法	适用条件
东北平原涝区	黑龙江	24h	降雨径流关系	$M=\dfrac{\alpha R}{3.6Tt}$	旱地
		3d	降雨径流关系	$M=\dfrac{P-(D+E)\cdot T-H}{3.6Tt}$	水田
	吉林	1d	降雨径流关系	$M=\dfrac{\alpha R}{3.6Tt}$	旱地
		3d	降雨径流关系	$M=\dfrac{P-(D+E)\cdot T-H}{3.6Tt}$	水田
	辽宁	24h、3d	降雨径流关系	$M=\dfrac{\alpha R}{3.6Tt}$	旱地
		3d	扣损法	$M=\dfrac{P-(D+E)\cdot T-H}{3.6Tt}$	水田
华北平原涝区	河南	1d	降雨径流关系	$M=\dfrac{\alpha R}{3.6Tt}$	
淮河中下游平原涝区	河南	3d	降雨径流关系	$M=\dfrac{R_2-V}{3.6Tt}$	
	安徽	3d	降雨径流关系	$M=\dfrac{R_2-V}{3.6Tt}$	
		24h	降雨径流关系	$M=\dfrac{\alpha R}{3.6Tt}$	菜地
	江苏	3d	降雨径流关系	$M=\dfrac{R_2-V}{3.6Tt}$	南四湖湖西洼地、沿运及骆马湖周边地区骆北片、白马湖、宝应湖地区

4.3.2 计算方法分类

自排方式计算方法有平均排除法、排涝模数经验公式法、单位线法、推理公式法、水量平衡法和河网模型法（或称水力学模型），各省多采用一种或几种方法计算，见表4.3-3。其中平均排除法和排涝模数经验公式法较为普遍，有10个省采用平均排除法，南方与北方均有应用，多用于面积较小的排水区。有8个省采用排涝模数经验公式法，该法多用于淮河以北地区，各地采用的参数并不相同。江苏、江西、浙江、广东等省的部分地区采用单位线法。浙江省、广东省等南方地区调蓄湖泊及河道较多的，多采用水量平衡法和模型法（如一维非恒定流模型）。四川省和广东省部分地区采用推理公式法。

表 4.3-3 我国不同省份除涝治涝水文计算方法统计表（自排）

省份	平均排除法	排模公式法排涝模数经验公式法	推理公式法	单位线法	水量平衡法	河网模型法
黑龙江	√					
吉林	√					
辽宁		√				
河北		√				
山东	√	√				
河南	√	√				
安徽	√	√				
江苏	√	√		√	√	√
湖北		√			√	
湖南	√				√	
江西				√		
浙江	√			√	√	√
陕西		√				
四川	√		√			
广东	√		√	√	√	√

抽排计算方法有平均排除法、水量平衡法、河网模型法、单位线法和推理公式法，各省多采用一种或几种方法，见表4.3-4。其中采用平均排除法的有13个省，水量平衡法的有5个省，河网模型法的有3个省，单位线法的有3个省，推理公式法的有一个省（某些市区）。由此可见，抽排计算方法主要是平均排除法和水量平衡法两类。平均排除法的适用范围较广；水量平衡法主要适用于滨湖地区，其特点是河网、湖泊较多，调蓄能力较强。

4.3.3 排涝模数

1. 各省排涝模数分析

自排模数与设计暴雨、排涝分区面积、地形地貌和土壤性质以及涝水调滞蓄能力等诸

表4.3-4　　　　　　　我国不同省份治涝水文计算方法统计表（抽排）

省份	平均排除法	推理公式法	单位线法	水量平衡法	河网模型法
黑龙江	√				
吉林	√				
辽宁	√				
山东	√				
河南	√				
安徽	√				
江苏	√			√	√
湖北	√			√	
湖南	√			√	
江西	√				
浙江	√		√	√	√
陕西	√				
广东	√	√	√	√	√

多因素有关。而抽排模数则与设计暴雨、农作物组成、耐淹能力以及水面滞蓄能力等诸多因素有关。由于我国的降雨分布极不均匀，各地区下垫面情况、产汇流条件以及各地农作物组成差别较大，加上各地采用的排涝模数计算方法不同，造成不同省份的排涝模数差异较大。

设计排涝标准的暴雨重现期一般采用5年一遇和10年一遇。按照自排和抽排两种排涝方式，统计各省5年一遇和10年一遇排涝模数，分析如下：

（1）自排模数。

各典型区自排方式的排涝标准主要为5年一遇和10年一遇，其中东北平原涝区、华北平原涝区、淮河中下游平原涝区、陕西省的部分地区多采用5年一遇的排涝标准，而长江中下游平原地区多采用10年一遇排涝标准。

东北平原涝区5年一遇自排模数为 $0.079\sim0.290\text{m}^3/(\text{s}\cdot\text{km}^2)$。华北地区：山东省5年一遇自排模数为 $0.457\sim0.95\text{m}^3/(\text{s}\cdot\text{km}^2)$，河南省天然文岩渠流域5年一遇自排模数为 $0.114\sim0.24\text{m}^3/(\text{s}\cdot\text{km}^2)$。淮河流域平原地区自排模数：河南省为 $0.52\sim1.24\text{m}^3/(\text{s}\cdot\text{km}^2)$，安徽省沿淮及淮北地区为 $0.54\sim1.05\text{m}^3/(\text{s}\cdot\text{km}^2)$。陕西省泾惠、清惠灌区的涝区5年一遇自排模数约为 $0.5\text{ m}^3/(\text{s}\cdot\text{km}^2)$。东北平原涝区10年一遇自排模数为 $0.118\sim0.436\text{m}^3/(\text{s}\cdot\text{km}^2)$。位于长江中下游平原的安徽省沿江圩区的铜陵片和滁州片10年一遇自排模数为 $1.0\sim1.5\text{m}^3/(\text{s}\cdot\text{km}^2)$。长江中游平原涝区中，湖南省各涝区的10年一遇自排模数为 $1.60\text{m}^3/(\text{s}\cdot\text{km}^2)$ 左右。

东北平原涝区3省的自排模数较小，黄淮海平原及陕西等省自排模数略大，长江中下游地区以及江汉平原的自排模数较大，总体上呈南方地区大于北方地区的规律。由我国年最大3d暴雨均值等值线图可知，东北平原涝区年最大3d暴雨均值在80mm左右，黄淮海平原地区基本在 $100\sim120\text{mm}$ 内，而长江中下游平原涝区基本在 $120\sim160\text{mm}$ 内，广东省珠江三角洲地区为 200mm 左右。因此，自排模数变化同各地区暴雨雨量的分布趋势大体一致，符合水文气象规律。另外，从各典型区下垫面产流条件来看，南方湿润地区产流条件相对较好，排涝模数也相对较大。

（2）抽排模数。

东北平原涝区 5 年一遇抽排模数为 $0.077\sim0.29\mathrm{m}^3/(\mathrm{s}\cdot\mathrm{km}^2)$。淮河流域平原涝区 5 年一遇抽排模数：山东省为 $0.4\sim0.53\mathrm{m}^3/(\mathrm{s}\cdot\mathrm{km}^2)$，河南省为 $0.45\sim0.47\mathrm{m}^3/(\mathrm{s}\cdot\mathrm{km}^2)$，安徽省沿淮及淮北地区约为 $0.45\mathrm{m}^3/(\mathrm{s}\cdot\mathrm{km}^2)$。

东北平原涝区 10 年一遇抽排模数为 $0.225\sim0.44\ \mathrm{m}^3/(\mathrm{s}\cdot\mathrm{km}^2)$。位于长江下游平原的安徽省沿江圩区的铜陵片和滁州片 10 年一遇抽排模数为 $0.45\sim0.66\mathrm{m}^3/(\mathrm{s}\cdot\mathrm{km}^2)$，浙江省涝区的 10 年一遇抽排模数为 $0.4\sim1.2\mathrm{m}^3/(\mathrm{s}\cdot\mathrm{km}^2)$。长江中游平原湖北省涝区 10 年一遇抽排模数为 $0.191\sim0.444\mathrm{m}^3/(\mathrm{s}\cdot\mathrm{km}^2)$，湖南省涝区 10 年一遇抽排模数为 $0.25\sim0.81\mathrm{m}^3/(\mathrm{s}\cdot\mathrm{km}^2)$。广东省珠江三角洲平原涝区 10 年一遇抽排模数为 $1.07\sim1.145\mathrm{m}^3/(\mathrm{s}\cdot\mathrm{km}^2)$。

对上述各省不同涝区的抽排模数进行比较，总体上与自排模数分布情况相同，仍呈南方地区大于北方地区的规律，这与我国各地的降雨量分布及下垫面产流条件分布相对应。尽管长江中下游平原地区的降雨量大于淮河流域平原地区，但湖北省、湖南省不少排水区 10 年一遇抽排模数小于淮河流域各省 5 年一遇的抽排模数，主要原因是长江中游许多涝区是滨湖涝区，各涝区内湖泊、河流众多，作物组成以水田为主，涝区的蓄滞能力较强，因此抽排模数相应较小。南北方抽排模数的差异没有自排模数的差异显著。对省内的排涝模数进行对比，东北平原涝区和淮河平原涝区各省内涝区之间的抽排模数相差不大；而长江中游平原的湖北省、湖南省，长江下游平原的浙江省，省内涝区之间抽排模数差异较大，远大于北方地区，其主要原因是：有些涝区有较大的湖泊洼地调蓄涝水，因此排涝模数较小；而有些涝区涝水调蓄能力较弱，因此排涝模数相对较大。抽排模数与涝区的蓄滞能力有关，而各涝区的水面率不尽相同，造成南方涝区的抽排模数差异较大。

2. 排涝模数影响因素分析

排涝模数大小受当地的气象条件、地形条件、河流水系、湖泊洼地等水面率、排水方式、治涝标准、计算方法及参数等多种因素影响，省与省之间、省内不同地区之间差异可能很大。在排涝模数计算时，气象因素由暴雨特征来反映，地形、河流水系等下垫面因素由产汇流特征反映。下面重点分析暴雨、产流、计算方法及湖洼涝水调蓄等因素对排涝模数的影响。

（1）暴雨因素。

涝水是由当地暴雨产生的，因此设计暴雨的大小对产生的当地涝水流量影响很大。我国南方地区的降雨明显大于北方地区，如湖南省洞庭湖区 5 年一遇最大 3d 降雨量为 184mm 左右，黑龙江省宝清挠力河涝区 5 年一遇最大 3d 设计暴雨不到 100mm，由此造成南方排涝模数总体上比北方大得多。

（2）产流因素。

同一省内不同地区即使设计暴雨相近、计算方法相同，不同下垫面条件也可能使其产生的净雨（或称作径流）不同，从而使排涝模数也不相同。表 4.3-5 是淮北平原地区河南省两个排涝区设计暴雨、设计净雨和排涝模数比较表。从表中可知，5年一遇设计暴雨清潩河支流五里河排水区为140mm，涡河支流八里河排涝区为135mm，两者仅相差3.6%，但净雨量两者相差达24.3%。从而导致排涝模数差别较大。

表4.3-5　　　　河南省两个排涝区设计暴雨、设计净雨和排涝模数比较表

项　目	排涝区名	治涝标准（重现期）			
		3年一遇	5年一遇	10年一遇	20年一遇
3d设计暴雨 /mm	清潩河支流五里河	109	140	183	227
	涡河支流八里河	105	135	175	216
	相差/%	3.7	3.6	4.4	4.8
设计净雨 /mm	清潩河支流五里河	48	70	113	159
	涡河支流八里河	36	53	86	117
	相差/%	25.0	24.3	23.9	26.4
排涝模数 /[m³/(s·km²)]	清潩河支流五里河	0.55	0.80	1.16	1.54
	涡河支流八里河	0.35	0.52	0.75	0.96
	相差/%	36.4	35.0	35.3	37.7

3. 不同计算方法对排涝模数的影响

同一省内的相同或相近地区，其暴雨特性及产流特征基本相似，但由于所采用的排涝模数计算方法不同，计算的排涝模数也不相同。四川省万源市的长坝涝区和渠县的龙家庙涝区属同一地区，长坝涝区面积为2.5km²，龙家庙涝区面积在1~4km²内不等，但由于两地采用的计算方法不同，两者的排涝模数差异很大。长坝涝区采用的是平均排除法，自排模数为0.72m³/(s·km²)，龙家庙涝区采用的是推理公式法，自排模数为5~10m³/(s·km²)。

此外，同一种方法采用不同的参数，其排涝模数计算结果也有差异。排涝模数经验公式法的参数不同，计算的排涝模数也不同。平均排除法的排出天数，对排涝模数计算影响很大，排出时间越长，排涝模数越小。例如，湖北省绝大部分水田排涝区采用的是3d暴雨5d排完，但荆南区沮漳河下游片、汉北区河东片等采用的是1d暴雨3d排完，还有少数经济作物排涝区如七星台排涝片采用的是1d暴雨2d排完，学堂洲排涝区采用的是1d暴雨1d排完等，这导致这些涝区的排涝模数差别很大。

4. 水面率对排涝模数的影响

选择淮北平原涝区的澥河洼（面积为50km²）作为典型排水区，假定不同水面率（0、3%、5%、10%、15%）和蓄涝水深（0.5m、1.0m），分析排水模数的变化。结果如图4.3-1和图4.3-2所示。从图中可以看出以下特点：

（1）水面率对排涝模数影响显著。

以平均蓄涝水深为0.5m、5年一遇排涝模数计算结果为例。水面率由0增大到15%，排涝模数由1.04m³/(s·km²)下降到0.17m³/(s·km²)。水面率分别为3%、5%、10%和15%时，则排涝模数分别只有无水面时的83.3%、72.2%、44.4%和16.5%。由此可见，水面率对排涝模数的影响很显著。一定面积的排涝区内，如果有水面调蓄，可以减小

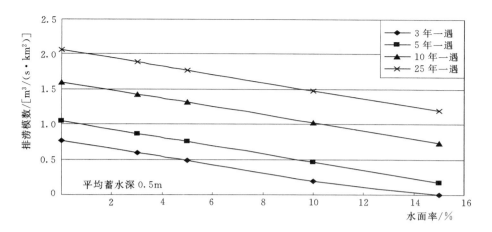

图 4.3-1 不同水面率与排涝模数关系 (蓄涝水深 0.5m)

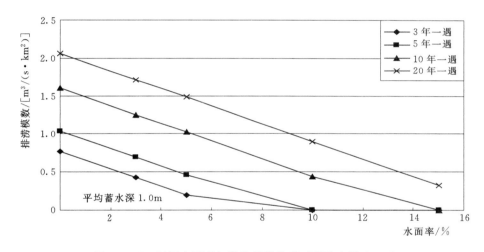

图 4.3-2 不同水面率与排涝模数关系 (蓄涝水深 1.0m)

排涝规模，水面面积越大，减小的排涝规模越大。

（2）排涝模数与涝水调蓄容量直接相关。

上述案例假定了两种蓄涝水深，分析了不同水面率与排涝模数的关系，并且假定的蓄涝水深为平均蓄涝水深。同一种蓄涝水深条件下，水面率与排涝模数成负相关关系。对于不同的蓄涝水深、不同的水面率，如果涝水调蓄水容量相同，则对排涝模数的影响是相同的。10％水面率 0.5m 蓄涝水深的涝水调蓄水容量与 5％水面率 1.0m 蓄涝水深的涝水调蓄容量相当，其各频率的排涝模数也相同。可见，排涝模数与蓄涝水量成负相关关系。

4.3.4 治涝水文计算中应注意的问题

1. 方法的适用性

推理公式法是建立在流域汇流速度在时空上均匀分布、不考虑流域调蓄作用等假定的基础上的。平原地区由于流域坡降小、汇流速度慢、汇流时间长、流域调蓄作用大、推理公式的假定不符合平原地区涝水汇流的情况，因此该方法不适用于平原河流和水网区排涝流量计算。以前述四川省相邻两县市的长坝涝区和龙家庙等涝区为例，气象条件和下垫面条件均相似，两地降雨和产流条件相近，长坝涝区面积为 $2.5km^2$，龙家庙涝区面积在 $1\sim4km^2$ 内不等，由于长坝涝区采用的是平均排除法，自排模数为 $0.72m^3/(s\cdot km^2)$；龙家庙等地采用的是推理公式法，自排模数为 $5\sim10m^3/(s\cdot km^2)$。由于两地采用的排涝模数计算方法不同，排涝模数差异很大。所以，对于不同涝区，要根据其自然地理情况等，选用适当的计算方法。

对于平原地区的涝区，除涝水文计算方法也有多种多样，不同的方法其适用条件不同。如面积较大的坡水区宜采用排模经验公式法计算，而不宜采用平均除法计算，因为根据排涝河道的一般规律，同一场次涝水，涝水流量模数通常是随面积增大而减小。如果不管面积大小均采用平均排除法计算，则会导致小面积涝区排涝流量计算可能偏小，大面积涝区排涝流量计算可能偏大，从而造成小面积涝区排涝达不到标准，大面积涝区除涝规模偏大等问题。

对于城市和农田的除涝而言，除涝水文计算要区别对待。农区的保护对象主要是农作物，农作物一般可以耐淹 $1\sim3d$，涝水在面上缓排一段时间不致造成明显损失。因此，从经济合理的角度出发，大多采用日平均流量或 24h 平均流量。对于城区而言，由于保护对象的重要性，一般不允许受淹，因此在设计标准内，涝水位不能超过规定水位，也就是说相应设计流量需要采用瞬时或短时段平均峰值流量，宜采用单位线法、推理公式法等计算。不宜采用排涝模数经验公式法、平均排除法等方法。

2. 参数选用

对于资料条件较好的涝区，通过分析比较，在气象、下垫面等条件类似的情况下，可以借用邻近涝区的除涝水文计算方法，但此时要注意参数的处理。因为对于不同的平原区域，因其下垫面条件各不相同，流域汇流特性也各有区别，地区综合的排涝模数经验公式参数也有差异。例如，山东鲁北平原排涝模数经验公式中的参数 K 取 0.017，而山东省鲁西南的南四湖湖西平原区参数 K 取 0.031，其他参数则相同，在标准相同的情况下，计算的设计流量差异可能会较大。因此，原则上不宜随意借用其他涝区的经验公式的参数。

4.4　治涝水文计算方法分析评价

4.4.1　适用性分析

1. 自排方式

农区自排模数计算方法大致分为 5 种，主要有排涝模数经验公式法、单位线法、平均排除法、水量平衡法和推理公式法。排涝模数经验公式法主要应用于淮河以北地区；平均排除法用于农区自排计算时，可按区域内河流及湖泊情况分为一般地区和水网、滨湖区两大类，并不严格区分水田、旱地和菜地。

（1）排涝模数经验公式法。

排涝模数经验公式是根据实测峰量关系归纳总结的经验方法，基本假定是洪峰流量与

次径流深、流域面积成指数关系，公式的一般形式为

$$M = KR^m F^n$$

$$Q = MF$$

式中　　M——排水模数，$\text{m}^3/(\text{s} \cdot \text{km}^2)$，一般为日平均模数；

$\quad\quad\quad Q$——设计排涝流量，m^3/s；

$\quad\quad\quad R$——设计暴雨所产生的净雨量，mm，设计暴雨时段长一般为 3d，少数用于面积较小涝区的，也有采用 1d 的情况；

$\quad\quad\quad F$——控制断面以上集水面积，km^2；

K、m、n——参数。

参数 K、m、n 是根据同一平原涝区不同面积水文站实测资料率定的。公式的适用范围和条件应与率定参数的资料来源条件相符合，一般不宜移用于其他地区，适用面积范围也应与率定参数所依据的水文站控制面积基本一致。

排涝模数经验公式法常用于淮河流域的安徽省和河南省的淮北平原地区、山东及江苏邳苍郯新地区、海河流域的河北省平原涝区和山东鲁北平原涝区，东北平原的辽宁省中部平原涝区，这些地区基本属于平原坡水区。我国不同地区排涝模数公式参数 K、m、n 见表 4.4 - 1。

表 4.4 - 1　　　　　　　　　　部分地区 K、m、n 参考值

平原涝区	省（地区）			适用范围/km²	K	m	n
东北平原涝区	辽宁省中部平原涝区			>50	0.0127	0.93	−0.176
华北平原涝区	河北	一般平原涝区		30~1000	0.022	0.92	−0.2
		黑龙港地区		200~1500	0.032	0.92	−0.25
				>1500	0.058	0.92	−0.33
	河南豫北平原涝区				0.024	1	−0.25
	山东鲁北地区				0.0172	1	−0.25
淮河流域平原涝区	河南、安徽淮北平原涝区			50~5000	0.026	1	−0.25
	山东	湖西平原涝区		500~7000	0.031	1	−0.25
		湖东平原洼地			0.055	1	−0.25
	江苏、山东邳苍郯新区			100~500	0.033	1	−0.25
长江中下游平原涝区	湖北			≤500	0.0135	1	−0.201
				>500	0.017	1	−0.238
其他	山西太原平原涝区				0.031	0.82	−0.25

当有较大水面或湖泊调节涝水时，因为不同的湖泊水面调蓄能力大小不同，峰量关系没有统一的规律，因此该法不适用于有较明显的水面或湖泊的圩区或水网地区。

湖北省平原地区虽有排涝模数经验公式，但湖北省湖泊众多，大多是滨湖平原，地势十分平坦，大多数独立排水河道面积不大，排涝模数经验公式法应用较少，多是采用平均排除法和水量平衡法。

综上所述，排涝模数经验公式法主要适用于平原坡水区的自排设计流量计算。各地的

排涝模数经验公式适用范围差别较大，绝大多数都用于面积大于 $50km^2$ 的涝区。参数的地区差别大，与当地的地形坡降、河道水力条件、雨型分布等有关。

（2）平均排除法。

平均排除法是根据农作物具有一定耐淹时间的特点，在一定时间内排除相应的涝水不会造成明显涝灾的原理而设计的一种简易计算方法，即单位面积（$1km^2$）在规定时间内的暴雨所形成的净雨（即涝水量）平均排出所达到的流量。

旱地排涝模数计算公式为

$$M = \frac{R}{86.4T}$$

式中　T——平均排出时间；

其余符号含义同前。

水田排涝模数计算公式一般形式为

$$\begin{cases} M_s = \dfrac{R_s}{86.4T} \\ R_s = P_{T'} - h_s - f - ET \end{cases}$$

式中　M_s——水田设计排涝模数；

$\quad\ \ R_s$——水田需要排除的涝水深；

$\quad R_{T'}$——历时为 T' 的设计暴雨；

$\quad\ \ h_s$——水田滞蓄水深；

$\quad\ \ f$——历时为 T 的水田渗漏量；

$\quad\ \ E$——水田日蒸发量。

平均排除法简单实用，在平原易涝地区应用比较广泛，用于农区自排时一般不区分土地利用类型。运用平均排除法的省或地区有江苏苏南地区，安徽、河南境内面积小于 $50km^2$ 的沿淮及淮北地区，湖南省滨湖地区，湖北省调蓄水面较多的地区，广东省的部分地区和黑龙江、吉林等省。由此可见，平均排除法在淮河流域、长江中下游地区、珠江三角洲平原涝区、东北松辽平原地区均有使用，使用范围遍及我国各主要平原涝区。该方法一般适用于小面积河流、排涝涵闸或有较多调蓄水面的地区，降水时间和排出时间各地有所差别，不同地区自排平均排除法的降雨历时和排除时间见表 4.4 - 2。

表 4.4 - 2　　　　　　　　不同地区平均排除法（自排）时间统计表

分　区	省（地区）	作物类型	降雨历时	排出时间
东北平原涝区	黑龙江	旱地	1d	2d
		水田	3d	4d
	吉林	旱地	1d	2d
		水田	1d	3d
华北平原涝区	河南	旱地	1d	1.5d
淮河流域平原涝区	安徽	不分地类，面积小于 $50km^2$	24h	24h
	河南		24h	24h
	山东		24h	24h

续表

分　区	省（地区）	作物类型	降雨历时	排出时间
长江中下游平原涝区	湖南	圩区一般农田	3d	3d
		菜田	24h	24h
	湖北	圩区一般农田	3d	5d
		菜田	24h	24h
	江西	骨干排水沟水渠	3d	3d
	江苏苏南地区		1d	1d
珠江三角洲	广东部分地区		24h	24h

（3）水量平衡法和模型演算法。

这种方法主要用于滨湖圩区和河网地区。如湖南省洞庭湖区通过选取 15d 暴雨过程与外河水位过程，结合逐日产水量计算，先确定内湖起排水位与最高控制水位，利用内湖高程容积曲线，逐日进行排水演算确定设计排涝流量。浙江省水网区采用 3d 暴雨扣损法计算净雨，由一维非恒定流河网模型计算各排水河道的排水流量。广东东莞按 24h 暴雨，由径流系数法计算产流，根据水量平衡法计算排涝流量。苏北里下河地区采用的方法与浙江省的方法类似。

当有较大湖泊水面调蓄涝水时，由于湖泊水面调蓄涝水能力强，涝水调蓄过程较长，或水流情况较为复杂，排涝模数经验公式法和平均排除法不适用此类地区，一般采用水量平衡法调节计算，较大的水网地区也有采用水力学模型法进行演算的。

（4）单位线法。

单位线法是洪水汇流计算的一种常用方法。由于单位线参数率定和地区综合所要求的资料条件相对较高，但平原地区资料较少，洪水过程受人类活动影响较大，参数率定和地区综合比较困难，因此该法在平原地区应用范围不广。目前只有少数一些省及地区，如山东省、江苏省以及广东省的茂名、惠州等地区和四川万源县区等采用单位线法。江苏省采用单位线法计算时，排涝流量计算一般采用 12～24h 平均洪峰流量（或称平头流量）进行处理。

（5）推理公式法。

推理公式法（也称合理化公式）是适用于计算小流域设计洪水的一种计算方法。基本形式为

$$Q_m = 0.278 \frac{h}{\tau} F$$

$$\tau = 0.278 \frac{1}{mJ^{\frac{1}{3}} Q_m^{\frac{1}{4}}}$$

式中　Q_m——设计洪峰流量，m^3/s；

　　　　h——相应 τ 时段的最大净雨，mm；

　　　　τ——汇流历时（以小数计），h；

F——流域面积，km^2；

J——干流坡降，（以小数计）；

m——汇流参数。

王国安等在《论推理公式的基本原理和适用条件》（《人民黄河》，2010.12）中指出："推理公式建立在流域汇流时间 τ 内降雨强度、径流系数和汇流速度在时空上均匀分布、不考虑流域调蓄作用等假定的基础上的，因此只适用于山丘区小流域设计洪水计算，不适用于平原河流和水网区的排涝计算。"

公式中的关键因素是计算流域的造峰汇流时间 τ，其中确定 τ 的流域参数 m 与 θ（$\theta=L/J^{1/3}$）与干流河长和坡降关系密切。由于平原地区干流坡降较小，面上调蓄作用较大，即便是微小的干流坡降误差，也可能引起较大的 m 值误差。因此，从这两点上讲，推理公式法并不十分适用于平原涝区排涝流量计算。

2. 抽排方式

抽排除涝流量计算中主要有平均排除法和水量平衡法两大类。在非水网和滨湖地区一般采用平均排除法，在水网和滨湖地区大多采用水量平衡法，水网区也可采用水力学模型法。

（1）平均排除法。

平均排除法即 T_p 天暴雨所产生的净雨，在 T_d 天内平均抽排完，以此方法确定设计排水流量。运用平均排除法的省和地区有安徽、江苏（里下河地区除外）、河南、湖南、江西、辽宁、吉林、广东大部分地市，遍布于黄淮平原、长江中下游平原、江汉平原、松辽平原、珠江三角洲地区。因此，从地域上看该法运用非常广泛。

平均排除法一般公式如下。

水田为

$$M=\frac{R_{T_r}-E_T-F_T-V-S}{3.6Tt}$$

旱地及菜地为

$$M=\frac{R_{T_r}-S}{3.6Tt}$$

上两式中　M——排涝模数，$m^3/(s \cdot km^2)$；

R_{T_r}——T_r 时段内降水所产生的净雨量，mm；

T——涝水排出天数；

E_T——T 时段内水田蒸发量，mm；

F_T——T 时段内水田渗漏量，mm；

V——水田滞蓄水深，mm；

t——每天开机时间，h；

S——旱地沟蓄水深（一般按沟塘率和沟塘滞蓄水深折算），mm。

各地农区暴雨时段 T_r、排出天数 T、每天开机时数 t 以及水田滞水深 V 等指标不尽相同。经济比较发达的浙江省诸暨盆地、江苏苏南地区取 1d 暴雨产生的净雨量 1d 排完，浙江省面积较小的旱作涝区 2d 排完。淮北平原涝区的河南和安徽等省取 3d 设计暴雨中的后 2d 暴雨产生的净雨量 2d 内排完。其他多数地区则取 3d 暴雨产生的净雨量 3d 排完。每天开机时间，有些省没有规定，一般取 24h，有些省对开机时间作了规定，一般取 22h，详见表 4.4-3。

表 4.4-3　　　　　　　　　农区平均排除法（抽排）有关指标统计

分　区	省（地区）	设计降水时间 T_r			排出时间 T	每天开机	水田滞水深/
		水田	旱地	菜田	农区	时间/h	旱地沟蓄/mm
长江下游区	安徽	3d		24h	3d/24h	23	60
	浙江	1d			1～2d/24h	24	60
	江苏苏南	1d	1d	1d	1d	22	30～40
长江中游平原涝区	江西	3d			3d	22～24	50
	湖南	3d		1d/24h	3d/1d	22	50
	湖北	1d、3d			1d、2d、3d、5d/1d	20～22	50
华北平原	河南	1d			1.5d	24	
淮河流域平原涝区	河南	3d			2d	24	50
	安徽	2d			2d	24	200
	山东	3d	1d	24h	3d/24h	22	50/15
珠江三角洲区	广东部分地市	24h			1d	22	

（2）水量平衡法。

水量平衡法是依据圩区产流排水作逐时段平衡计算，按区域不同排涝要求确定排涝规模。水量平衡法一般多用于水网地区和滨湖（有湖泊调蓄）地区，如浙江杭嘉湖平原、湖北省的江汉平原、广东部分地区、江苏里下河地区等。

4.4.2 不同方法比较分析评价

1. 不同计算方法比较分析评价

水网地区或有较大调蓄水面的滨湖地区一般采用水量平衡法和水力学模型法，排涝流量与当地的水网特性和湖泊水面调蓄性能关系十分密切，即使是同一地区的不同排水区，采用相同方法计算的排水模数也有可能差别很大。考虑到推理公式法不适用于平原地区，因此主要对平均排除法、排涝模数经验公式法、单位线法（或总入流槽蓄法）进行比较分析。

选择淮河流域南四湖湖西平原涝区苏鲁省界河道为典型进行分析，该地区具备进行平均排除法、排涝模数经验公式法、单位线法和总入流槽蓄法多种方法进行分析计算比较的条件。以该地区大沙河作为多种方法比较的典型排水区。

大沙河位于山东省微山县和江苏省丰县、沛县及境内，于城子庙北入昭阳湖，属南四湖上级湖的湖西平原地区，河道全长 61km，干流比降 2.7/10000，流域面积 1700km²。分别采用上述 4 种方法计算面积为 50km²、200km²、500km²、1000km² 和 1700km² 涝片的 3 年、5 年、10 年和 20 年一遇的设计排涝模数。

（1）设计暴雨和设计净雨。

设计暴雨采用暴雨等值线图查算，通过点面折减计算不同面积涝片的设计暴雨，年最大24h设计暴雨成果见表4.4-4、年最大3d设计暴雨成果见表4.4-5。设计净雨采用降雨径流关系计算。

表4.4-4 设计年最大24h雨量成果表

面积/km²	不同重现期设计暴雨/mm			
	3年一遇	5年一遇	10年一遇	20年一遇
50	117	142	184	226
200	116	141	183	223
500	115	140	182	222
1000	114	139	181	221
1700	113	138	176	215

表4.4-5 设计年最大3d雨量成果表

面积/km²	不同重现期设计净雨/mm			
	3年一遇	5年一遇	10年一遇	20年一遇
50	125	163	216	269
200	124	162	214	265
500	123	161	213	264
1000	122	160	212	263
1700	121	158	207	256

（2）不同方法排模计算。

1）排涝模数经验公式法。山东省南四湖湖西地区排涝模数计算公式为

$$M = 0.031 R_3 F^{-0.25}$$

式中 R_3——设计年最大3d降雨产生的净雨；

其他各量含义同前。

根据上式可以计算不同面积涝区的设计排涝模数，计算成果见表4.4-6。

表4.4-6 排涝模数经验公式法计算成果表

面积/km²	不同重现期设计排涝模数/[m³/(s·km²)]			
	3年一遇	5年一遇	10年一遇	20年一遇
50	0.550	0.891	1.434	2.052
200	0.383	0.623	0.997	1.418
500	0.300	0.490	0.787	1.121
1000	0.248	0.408	0.656	0.937
1700	0.214	0.350	0.555	0.787

2）总入流槽蓄演算法。根据《江苏省暴雨洪水图集》（1984年），总入流槽蓄演算法的原理是净雨经过坡面汇流进入河网形成总入流，再经过河网槽蓄形成出口断面的流量过

程，本法适用于平原地区排涝计算。依据水量平衡方程 $q\Delta t - Q\Delta t = \Delta S$ 和线性槽蓄方程 $Q = KS$ 进行计算。江苏省根据苏北地区实测水文资料，经地区综合，制作了 100mm 净雨、F/J 与排涝模数过程线关系表。考虑平原地区作物允许短暂积水或漫滩，因此对设计洪峰流量进行削平头处理，建立了不同时段洪峰平头流量系数查算图。根据上述方法和查算图表，计算出大沙河不同控制面积涝片的设计排涝模数，成果见表 4.4-7。按照苏北平原涝区排水流量计算，考虑旱作物一般耐淹 1d，按 24h 削平头处理，成果见表 4.4-8。

表 4.4-7　　　　　　　　　　总入流槽蓄演算法计算成果表

面积/km²	不同重现期设计排涝模数/[m³/(s·km²)]			
	3 年一遇	5 年一遇	10 年一遇	20 年一遇
50	0.606	0.981	1.579	2.260
200	0.439	0.714	1.142	1.624
500	0.344	0.561	0.900	1.283
1000	0.279	0.459	0.738	1.054
1700	0.236	0.386	0.613	0.869

表 4.4-8　　　　　　　总入流槽蓄演算法计算成果表（24h 平头流量）

面积/km²	不同重现期设计排涝模数/[m³/(s·km²)]			
	3 年一遇	5 年一遇	10 年一遇	20 年一遇
50	0.387	0.626	1.007	1.441
200	0.327	0.531	0.851	1.209
500	0.278	0.454	0.728	1.038
1000	0.238	0.391	0.630	0.899
1700	0.208	0.340	0.539	0.764

3）综合单位线法。根据《江苏省暴雨洪水图集》（1984 年）中综合单位线法中参数 $m_2 = 1/2$，$m_1 = 2.25F^{0.38}$，并根据平原涝区最大 3d 设计净雨雨型分配（6h 时段），查算相应的 6h 时段单位线，乘以相应的时段净雨，并叠加成出口断面的洪水过程，统计分析成果见表 4.4-9，削平头处理后的成果见表 4.4-10。

表 4.4-9　　　　　　　　　　瞬时单位线法计算成果表

面积/km²	不同重现期设计排涝模数/[m³/(s·km²)]			
	3 年一遇	5 年一遇	10 年一遇	20 年一遇
50	0.614	0.994	1.601	2.290
200	0.434	0.706	1.129	1.605
500	0.323	0.528	0.847	1.207
1000	0.266	0.438	0.705	1.007
1700	0.217	0.355	0.563	0.798

表 4.4-10　　　　　　　　瞬时单位线法计算成果表（24h 平头流量）

面积/km²	不同重现期设计排涝模数/[m³/(s·km²)]			
	3 年一遇	5 年一遇	10 年一遇	20 年一遇
50	0.398	0.644	1.038	1.486
200	0.341	0.554	0.887	1.262
500	0.282	0.461	0.740	1.055
1000	0.243	0.400	0.643	0.919
1700	0.205	0.335	0.532	0.755

4）平均排除法。按 24h 降水产生的净雨 24h 排出、3d 降水 3d 排出和 3d 降水 4d 排出 3 种情形计算，成果见表 4.4-11 至表 4.4-13。

表 4.4-11　　　　　　　　平均排除法计算成果表（24h 降雨 24h 排出）

面积/km²	不同重现期设计排涝模数/[m³/(s·km²)]			
	3 年一遇	5 年一遇	10 年一遇	20 年一遇
50	0.479	0.690	1.096	1.539
200	0.471	0.681	1.086	1.505
500	0.463	0.671	1.076	1.493
1000	0.456	0.663	1.066	1.481
1700	0.450	0.655	1.015	1.412

表 4.4-12　　　　　　　　平均排除法计算成果表（3d 降雨 3d 排出）

面积/km²	不同重现期设计排涝模数/[m³/(s·km²)]			
	3 年一遇	5 年一遇	10 年一遇	20 年一遇
50	0.182	0.295	0.475	0.679
200	0.179	0.292	0.467	0.664
500	0.177	0.289	0.463	0.660
1000	0.174	0.285	0.459	0.656
1700	0.171	0.279	0.444	0.629

表 4.4-13　　　　　　　　平均排除法计算成果表（3d 降雨 4d 排出）

面积/km²	不同重现期设计排涝模数/[m³/(s·km²)]			
	3 年一遇	5 年一遇	10 年一遇	20 年一遇
50	0.137	0.221	0.356	0.509
200	0.135	0.219	0.350	0.498
500	0.133	0.216	0.347	0.495
1000	0.130	0.214	0.344	0.492
1700	0.128	0.209	0.333	0.472

（3）方法比较分析评价。

1）单位线法、总入流法计算成果应当考虑削峰处理。上述几种方法中，瞬时单位线法、总入流槽蓄法分不考虑面上滞蓄作用（不削平头流量）和考虑面上滞蓄作用（24h 削平头流量）两种情况，结果对比见图 4.4-1。根据经验，旱作物一般能耐淹 1d 时间，水田作物可耐淹 3d。对 5 年一遇总入流槽蓄法、单位线法的削峰与不削峰的排涝流量进行对比。结果表明，不削峰算法的排涝流量比削峰算法大，其中总入流槽蓄法大 14%～57%，单位线法大 6%～54%，面积越小两者相差越大。

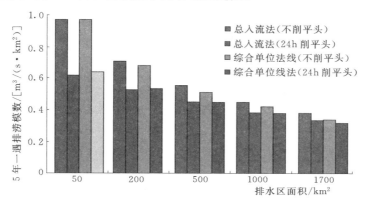

图 4.4-1　5 年一遇不同计算方法削峰与不削峰流量排涝模数对比

考虑到既要保证农作物不因涝受明显损失，同时排水规模又要经济合理，除涝水文分析计算时应考虑面上的滞蓄作用。根据自排流量计算的一般做法，自排洪峰流量按日流量或 24h 平均流量计算。

2）排涝模数经验公式法与考虑槽蓄作用后的总入流槽蓄法和单位线法结果总体相近。在南四湖湖西区，排涝模数经验公式适用范围大于 500km²。图 4.4-2 给出了不同算法计算的排涝模数，从图中可看出，在排涝模数经验公式适用范围内，排涝模数经验公式法计

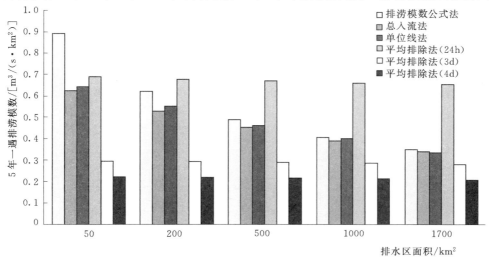

图 4.4-2　5 年一遇不同方法计算的排涝模数对比

算结果与考虑槽蓄作用削峰后的总入流槽蓄法、单位线法计算结果总体相近。但当面积小于公式适用范围后，面积越小，排涝模数经验公式法计算的成果比另两种方法偏大越多。

3）平均排除法适用于面积较小的排水区。由图 4.4 - 2 可知，当流域面积在 50km^2 时，24h 暴雨 24h 排除，计算的排涝模数与削平头后的单位线法和总入流法结果基本一致。当 3d 暴雨 3d 或 4d 排完时，平均排除法计算结果比其他方法偏小较多，且随着排水区面积增大差异逐步缩小。

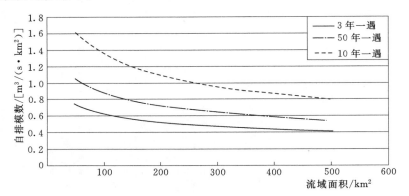

图 4.4 - 3　淮北平原地区重现期—自排模数—流域面积关系

根据一般规律，河道设计流量模数随流域面积增大而减小，如图 4.4 - 3 所示。平均排除法仅与时段设计排出水量和排出时段密切相关，没有考虑流域面积大小的影响。因此，平均排除法不合适于面积较大的以旱田为主的自排流量计算。由此可知，对于旱田，24h 暴雨 24h 排除，适用于面积较小的排水区自排流量计算；而 3d 暴雨 3d 排除可适用于水田为主面积较大的排水区自排流量计算。

4）各方法的适用条件。平均排除法没有考虑排涝模数受流域面积大小影响的因素。流域面积在 50km^2 时，平均排除法与其他方法总体差异不大，介于排涝模数经验公式法和总入流槽蓄法之间，但随着面积增大，平均排除法计算结果比其他方法明显偏大，因此该方法适用于面积较小的排涝区。

排涝模数经验公式法和单位线法、总入流槽蓄法考虑了流域面积的因素，因此这几种方法适合于不同面积涝区的排涝计算，但各省根据实测资料率定的参数也是有面积和区域大小限制要求的，因此，具体运用时应根据各省相关水文手册或暴雨洪水图集规定的条件合理使用。

2. 不同计算方法比较案例

考虑平均排除法和排涝模数经验公式法使用范围相对较广，在各主要平原涝区中选择一些典型排水区进行比较，分析这两种方法的适用性。东北平原涝区主要选择黑龙江省宝清挠力河涝区、三江平原穆棱河排涝区和辽宁省蒲河涝区，华北平原涝区选择河南省豫北天然文岩渠排涝区，淮河中下游平原涝区选择安徽省淮北平原濉河洼，长江中游平原涝区选择湖南洞庭湖滨湖涝区。

（1）黑龙江省三江平原穆棱河排涝区。

1）排涝模数经验公式法。黑龙江省多不采用排涝模数经验公式法进行计算，因此借用地理、地形、气候等条件较为相似的辽宁省中部涝区的计算参数进行分析。其中 $K=0.0127$，$m=0.93$，$n=-0.176$。

2）平均排除法。平原涝区旱地平均排除法计算公式为

$$M=\frac{R}{86.4T}\psi\eta$$

式中　M——旱地设计排涝模数，$m^3/(s \cdot km^2)$；

　　　　T——排涝历时，2d；

　　　　ψ——迟缓径流系数；

　　　　η——槽蓄系数。

槽蓄迟缓系数由以径流深为参数的槽蓄迟缓系数与面积的关系线查图确定。

平原涝区水田设计排涝模数计算公式为

$$M=\frac{P-h_1-E_{T'}-F}{86.4T}$$

式中　M——水田设计排涝模数，$m^3/(s \cdot km^2)$；

　　　　P——历时为 T 的设计暴雨量，mm；

　　　　h_1——水田滞蓄水深，mm；

　　　　$E_{T'}$——历时为 T' 的水田蒸发量，8mm；

　　　　F——历时为 T 的水田渗漏量，3.2mm；

　　　　T——排涝历时，4d。

旱田采用1d降水产生的净雨2d排出，水田采用3d降水产生的净雨4d排出。

以穆棱河 $50\sim1000km^2$ 的涝区为例，分别采用上述两种方法计算各典型涝区的旱田和水田排水模数。两种方法对比情况见表 4.4-14 和图 4.4-4，可以得出以下结论：

旱田平均排除法成果总体大于排涝模数经验公式法成果，两种方法排涝模数有一定差别，3年一遇和5年一遇排涝模数相差 5%～24%，面积越小，排涝模数相差也越小。

表 4.4-14　　　　　　　　　不同方法计算的排涝模数成果对比表

计算方法	涝区名称	面积/km²	旱地排涝模数/[m³/(s·km²)]				水田排涝模数/[m³/(s·km²)]			
			3年一遇	5年一遇	10年一遇	20年一遇	3年一遇	5年一遇	10年一遇	20年一遇
排涝模数经验公式法	宝清挠力河涝区	219.1	0.058	0.085	0.126	0.164	0.066	0.107	0.155	0.199
	穆棱河	50	0.069	0.114	0.177	0.241	0.119	0.192	0.283	0.366
		100	0.061	0.101	0.156	0.214	0.106	0.17	0.251	0.324
		500	0.046	0.076	0.118	0.161	0.08	0.128	0.189	0.244
		1000	0.041	0.067	0.104	0.143	0.07	0.113	0.167	0.216
平均排除法	宝清挠力河涝区	219.1	0.073	0.118	0.185	0.252	0.047	0.079	0.118	0.155
	穆棱河	50	0.075	0.129	0.206	0.288	0.067	0.113	0.171	0.225
		100	0.071	0.126	0.206	0.288	0.067	0.113	0.171	0.225
		500	0.051	0.1	0.18	0.269	0.067	0.113	0.171	0.225
		1000	0.043	0.088	0.165	0.253	0.067	0.113	0.171	0.225

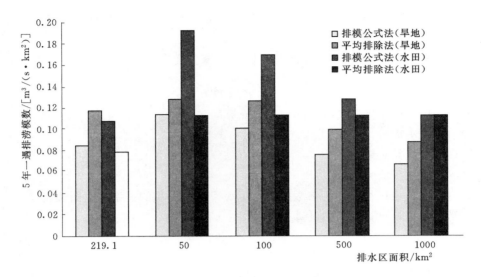

图 4.4-4　三江平原典型涝区不同方法不同面积 5 年一遇排涝模数比较

两种方法计算的水田排涝模数差别较大，且面积越小相差越大，主要原因是排涝模数经验公式法主要是以日（或 24h）平均洪峰流量进行考量，而水田平均排除法的排除时段长度达 4d，且考虑了田间持蓄、蒸发渗漏等因素，所以排涝模数经验公式法较平均排除法结果偏大。

黑龙江省采用的旱地平均排除法在长期使用过程中，已形成一套较为完善的计算办法，且考虑了与流域面积有关的坡面、槽蓄滞缓系数等，事实上是一种变相的排涝模数经验公式法。

从计算结果看，排涝模数经验公式法与平均排除法总体有差异，旱地差异小，水田差异明显。从趋势上看，排涝模数经验公式法可以适用于黑龙江省旱地排涝模数计算，但其参数需要经实际率定并经过实际验证后方可使用。该方法不适用于水田的排涝模数计算。

（2）辽宁省蒲河涝区排涝计算方法比较分析。

辽宁省平原排水区自排模数采用排涝模数经验公式法计算。蒲河涝区位于辽宁省中部。辽宁省中部平原地区排涝模数计算公式为

$$M=0.0127R^{0.93}F^{-0.176}$$

上式可用于计算不同面积涝区的排涝模数，平均排除法按 3d 降水产生的净雨 3d 排出计算。不同面积涝区的排涝模数计算结果见表 4.4-15 和图 4.4-5。

表 4.4-15　　　　　　　　辽宁省蒲河涝区不同方法计算结果比较表

面积/km²	排涝模数经验公式法成果				平均排除法成果			
	3 年一遇	5 年一遇	10 年一遇	20 年一遇	3 年一遇	5 年一遇	10 年一遇	20 年一遇
50	0.227	0.29	0.436	0.607	0.179	0.233	0.363	0.517
100	0.2	0.252	0.377	0.522	0.179	0.229	0.353	0.502
500	0.151	0.189	0.278	0.388	0.179	0.228	0.345	0.494
1000	0.132	0.163	0.237	0.333	0.177	0.222	0.332	0.478

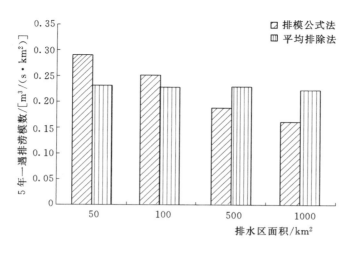

图 4.4-5 蒲河区不同方法 5 年一遇排涝模数图

由计算结果可以看出，排水区面积在 $100km^2$ 左右时两种方法计算的排涝模数相差不大；排水区面积小于 $100km^2$ 时，排涝模数经验公式法结果大于平均排除法结果；当涝区面积不小于 $500km^2$ 时，排涝模数经验公式法结果小于平均排除法结果。以 10 年一遇排涝模数计算结果为例，不同面积排涝模数经验公式法计算值为 $0.237\sim0.436m^3/s$；平均排除法计算值为 $0.332\sim0.363m^3/s$，平均排除法计算的排涝模数变幅明显小于排涝模数经验公式法。对于不同面积的涝区，平均排除法计算的排涝模数差异主要是面暴雨随面积增大而减小所引起的，不同面积涝区的排涝模数差别不大。对于面积较大的区域，排水模数用经验公式法更为合理。

（3）河南省豫北平原涝区排涝方法比较分析。

排涝模数经验公式为

$$M = 0.018RF^{-0.25}$$

平均排除法一般用于集水面积较小的排水建筑物排涝流量的计算，按 10 年一遇 1d 暴雨产生的净雨 1.5d 排完，和 3d 降雨产生的净雨 3d 排完两种情况，计算结果见表 4.4-16、表 4.4-17 和图 4.4-6。由以上成果分析可知：

表 4.4-16 不同面积涝区排涝模数经验公式法计算成果表

面 积 /km²	不同重现期排涝模数 /[m³·(s·km²)]			
	3 年一遇	5 年一遇	10 年一遇	20 年一遇
50	0.162	0.240	0.375	0.477
100	0.137	0.202	0.315	0.401
500	0.091	0.135	0.211	0.268
1000	0.077	0.114	0.177	0.225

表 4.4－17　　　　　　　　　　　平均排除法排涝模数计算成果表

排除时段	不同重现期排涝模数/[m³/(s·km²)]			
	3 年一遇	5 年一遇	10 年一遇	20 年一遇
1d 降雨 1.5d 排完			0.54	
3d 降雨 3d 排除	0.093	0.137	0.237	0.340

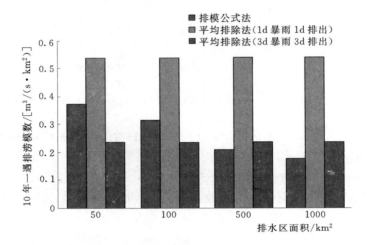

图 4.4－6　豫北天然文岩渠涝区不同方法 10 年一遇排涝模数图

1）对于面积 50km² 的涝区，按平均排除法 1d 暴雨产生的净雨 1.5d 排完计算的 10 年一遇排涝模数明显大于排涝模数经验公式法计算结果。

2）若按 3d 暴雨产生的净雨 3d 排完，则涝区面积在 500km² 以下时，平均排除法计算结果较排涝模数经验公式法计算结果小，面积在 500km² 以上的涝区，平均排除法计算结果较排涝模数经验公式计算结果大。由于平均排除法假定水量在规定时间内均匀排出，无法充分考虑流域的滞蓄作用。实际上，涝区面积越大、则滞蓄作用也越大、排涝模数应该越小才合理。

3）根据流域汇流的一般规律，对于面积较大的排涝区，应当考虑排涝模数随面积增大而衰减这一因素。

4）本区排水面积较大的河道设计排涝流量宜采用排涝模数经验公式法计算，排水面积较小的建筑物的设计排水流量可采用平均排除法计算。

（4）安徽省淮北平原涝区濉河洼地。

经验排模公式为

$$M = 0.026 R F^{-0.25}$$

根据安徽省淮北平原地区除涝水文计算办法，流域面积在 50km² 及以下时，按 24h 净雨 24h 平均排除。采用平均排除法计算，结果见表 4.4－18、表 4.4－19 和图 4.4－7。

表4.4-18   沿淮各支流区自排模数成果表   单位：$m^3/(s \cdot km^2)$

集水面积/km^2	3年一遇	5年一遇	10年一遇	20年一遇
50	0.74	1.05	1.61	2.07
100	0.62	0.88	1.36	1.74
200	0.52	0.72	1.09	1.39
300	0.46	0.63	0.95	1.21
400	0.43	0.58	0.86	1.09
500	0.41	0.54	0.79	1.00

表4.4-19   平均排除法排涝模数表

暴雨重现期	3年一遇	5年一遇	10年一遇	20年一遇
自排模数/[$m^3/(s \cdot km^2)$]	0.77	1.04	1.60	2.06

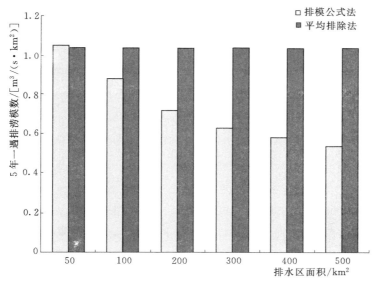

图4.4-7   淮北沿淮地区不同方法5年一遇排涝模数图

由上述结果可知，当面积为$50km^2$及以下时，在典型区采用24h净雨24h平均排除计算的排涝模数与排涝模数经验公式法计算的不同重现期自排模数基本一致。$50km^2$以上流域平均排除法计算的排涝模数较排涝模数经验公式法计算结果偏大，并且随着面积增大这种差别也增大。考虑农作物具有一定的耐淹特性，平均排除法适用于该地区面积小于$50km^2$的小面积排水区域。排涝模数经验公式法适用于较大面积排水河道的除涝流量计算。

（5）湖南省排涝方法比较分析。

湖南省平原涝区多不使用排涝模数经验公式法。考虑其地形条件和气候条件与湖北平原涝区相似，移用湖北平原湖区排涝模数经验公式，其中$K=0.0135$，$m=1$、$n=-0.201$。洞庭湖区平均排除法一般采用3d降雨产生的净雨3d排完。排涝模数经验公式法计算的排涝模数见表4.4-20，平均排除法计算的排涝模数见表4.4-21及图4.4-8。

表4.4-20   洞庭湖区排涝模数经验法计算结果表

面积 /km²	排水流量/(m³/s)				排涝模数/[m³/(s·km²)]				备注
	3年	5年	10年	20年	3年	5年	10年	20年	
50	39.3	47.9	59.3	70.0	0.786	0.958	1.186	1.400	1d降雨 1d排除
100	68.5	83.5	103.2	122	0.685	0.835	1.032	1.220	
500	247	302	373.5	441	0.494	0.604	0.747	0.882	
1000	431	526	650.0	768	0.431	0.526	0.650	0.768	

表4.4-21   洞庭湖区平均排除法计算结果表

面积 /km²	排水流量/(m³/s)				排涝模数/[m³/(s·km²)]				备注
	3年	5年	10年	20年	3年	5年	10年	20年	
50	24.7	30.1	37.2	44.0	0.494	0.602	0.744	0.880	3d降雨 3d排除
100	49.4	60.2	74.4	88.0	0.494	0.602	0.744	0.880	
500	247	301	372	440	0.494	0.602	0.744	0.880	
1000	494	602	744	880	0.494	0.602	0.744	0.880	

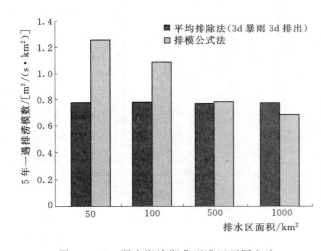

图4.4-8 洞庭湖滨湖典型涝区不同方法
5年一遇排涝模数图

从两种方法的计算结果分析，面积小于500km²以下的涝区，排涝模数经验公式法的计算结果要大于平均排除法结果，面积大于500km²以上的涝区则相反。而湖南省常用平均排除法，抽排水量中扣除内湖调蓄量和水田耐淹水深100mm滞蓄水量。各排区水田面积不同，调蓄内湖大小不同，无法进行上述比较。湖南省洞庭湖区滨湖的大圩（垸）区采用15d暴雨或典型年进行水量平衡计算。由于洞庭湖区周边平原涝区主要是水田，根据一般经验，水稻耐淹时间可达3d，因此，采用3d暴雨3d排完比较合适。经验排模公式则不能考虑湖洼蓄涝情况，因此湖南省水田的排涝模数采用平均排除法比较合适。

（6）小结。

从上述几个省平均排除法和排涝模数经验公式法比较分析可知，排涝模数经验公式法适用于淮河以北以旱地为主的地区排水河道自排模数计算，但应注意考虑排涝模数经验公式的适用范围。小于适用范围的小面积排水区宜采用平均排除法计算。黑龙江省采用考虑坡面及河道槽蓄因素的平均排除法，多不使用排涝模数经验公式，从借用相邻省份排涝模数经验公式计算结果分析，排涝模数经验公式也适用该省，但需要采用该省的水文资料确定有关参数。

长江中游地区如湖南省大部分圩区属于滨湖圩垸，面积多数小于 500km^2，并且以水田为主，作物可承受数十毫米水深的长期浸泡，可承受 3d 左右的高水位，耐淹时间一般为 3d，可采用 3d 降雨 3d 排除，按平均排除法计算。与排涝模数经验公式法比较：面积为 500km^2 的涝区，排涝模数经验公式法与平均排除法计算结果基本相当；面积在 500km^2 以下涝区，排涝模数经验公式法的计算结果较大；面积在 500km^2 以上的涝区，排涝模数经验公式法的计算结果较小。考虑作物的耐淹特性和排涝规模的经济性，在本地区采用平均排除法计算比较合适。排涝模数经验公式法一般不能考虑水田作物的耐淹特性，计算的排涝模数相当于 24h 平均排涝模数，因此该法不适用于以水田为主涝区的排涝模数计算。

4.4.3　规范除涝治涝水文计算方法建议

1. 自排方式

（1）旱作为主涝区。

根据我国有关省份除涝治涝水文计算方法使用情况，小面积（如小于 50km^2）的排水区或排水河道可采用平均排除法计算，一般按 24h 降水 24h 排出。面积较大的自排河道设计排涝流量宜采用排涝模数经验公式法计算。排涝模数经验公式参数和适用范围应根据相关排水区资料分析确定。

有条件的地方，也可采用综合单位线法等方法计算自排流量，但运用该类方法时，排涝设计流量应考虑作物耐淹特性和排涝规模的经济性，适当考虑面上和河道的滞蓄作用，如对计算结果进行削平头处理等。

（2）水田为主涝区。

考虑水稻等作物耐淹能力较强，一般可耐淹 3d 左右，因此多采用平均排除法计算。平均排除法中的设计暴雨时段和排出时间可根据我国水利行业标准《治涝标准》（SL 723—2016）确定。计算时应考虑水田的耐淹水深、沟塘水面、湖泊的调蓄能力。

（3）水网区。

水网区由于河网纵横交叉，沟塘、湖泊众多，一个排水区往往有多个排水出口。由于平均排除法可以考虑一部分调蓄能力不大的沟塘水面的蓄水作用，水网区小面积排水区可采用平均排除法计算。有湖泊等较大调蓄水面的排水区，宜采用水量平衡法或水力学模型法计算。

2. 抽排方式

平原涝区排水面积不大的区域，宜采用平均排除法计算，应考虑沟塘、水面的调蓄能力，水田还应考虑作物耐淹水深、水面蒸发和田间渗漏损失等。

面积较大的水网排水区或有湖泊调蓄的排水区，宜采用水量平衡法演算或水力学模型确定。

3. 不同类型涝区排涝流量计算适用方法

平原坡水区宜采用排涝模数经验公式法、平均排除法、单位线法等方法。滨河、滨湖、滨海的圩（垸）区宜采用平均排除法、水量平衡法等方法，平原水网区宜采用平均排除法、水量平衡法、河网水力学模型法等方法。

4.4.4　市政排水标准与水利排涝标准关系初步分析

城市化地区的排水任务涉及市政管网排水和河道排水两部分。通常市政部门负责城市管网的规划建设，水利部门负责城市排水河道的治理和管理。两个部门制定的设计标准和排水流量计算方法并不相同。市政法计算的市政管网设计流量主要用于确定城镇雨水管网排水的规模，而水利法计算的设计排水流量主要用于确定骨干排水沟河道及排涝站的规模。由于市政排水法和水利排涝法在设计对象、设计标准、设计暴雨样本选取和设计流量计算方法上存在一定差异，这就产生了排水河道采用水利排涝标准能否与市政排水标准相协调的问题。为保证城市涝水的顺利排泄，需要对两种方法的设计重现期衔接问题进行分析，评价两个部门的重现期及设计流量是否适应，分析市政排水标准与水利排涝标准的协调性。

由于两者关系复杂，市政排水与水利排涝的关系难以采用简单的关系来表达。因此，选取一些具有代表性的城市进行分析，对由市政法计算的设计流量与由水利法计算的设计流量进行对比，初步分析市政排水与水利排水标准的关系。

1. 计算方法

（1）重现期。

市政管道的设计重现期一般采用 0.5～5 年一遇，大多数城区管网采用 1～2 年一遇，小城市标准较低，大城市标准略高，如北京市的重要城区采用 10 年一遇。而城市河道排涝标准一般为 10～20 年一遇。重要城市的排涝标准可达 20～50 年一遇，如北京市护城河采用 50 年一遇标准。

（2）设计暴雨选样。

水利法选样一般是年最大值法，一年只选择一个最大的暴雨值，所组成的暴雨系列长度与年数一致。

城建部门在规划设计城市管道排水系统时，根据市政规划，管网用来排泄小区域涝水。由于排水面积小，汇流时间短，汇流时间内的暴雨造成的地面涝水对排水工程影响小，地面可以允许一定时间的超标准雨涝的积水，一年内甚至可以遭遇数次地面积水情况，故城市管道排水设计重现期相对较小，雨量设计值不大。因此，城市管道排水系统设计时，不是考虑年最大一次雨量，而是考虑一年内将遭遇几次暴雨。以反映城市地面积水的概率，即要考虑平均一年内将发生几次超标暴雨。选样方法有超定量法和超大值法两种，所组成的暴雨系列长度是年数的数倍，一般是 3～5 倍。

（3）暴雨历时及暴雨重现期的对应关系。

管网排水中由于各级管道的集水范围不大，地面集流时间一般在几分钟到几十分钟内，因而降雨历时多采用 5～120min。而排涝河道由于地处市政管网下游，它将汇集城市多个一定数量小区的市政管网控制范围内的来水，集水面积相对大得多，汇流路程较长，并且在传输涝水过程中尚有一定的调蓄容积，形成河道最高水位的汇流历时相对较长，故统计历时一般采用1h（60min）～24h。

刘俊等在"城市管道排水与河道排涝标准的关系"（《中国给排水》，第22卷第2期，2007.1）研究中，以南京市为例，通过对比超定量选样法（市政选样法）1h设计暴雨与年最大值法（水利选样法）3h、6h、24h设计暴雨重现期对应关系（表4.4-22），来说明城市管道排水与河道排涝对应标准的关系。由表4.4-22可知，当管道设计暴雨重现期（市政法）为1年一遇时，河道相应的水利排涝设计暴雨重现期为7～18年一遇；当管道设计暴雨重现期（市政法）为2年一遇时，河道相应的水利排涝设计暴雨重现期为16～29年一遇；当管道设计暴雨重现期为3年一遇时，河道相应的排涝设计暴雨重现期为17～31年一遇。由此可见，不同时段长度及不同选样方法的设计暴雨的重现期有较大差异。

表4.4-22　　　　　　　超定量法与年最大值法设计暴雨重现期对应关系表

超定量法1h设计暴雨重现期/a	年最大值法对应各时段设计暴雨重现期/a			
	3h	6h	12h	24h
1	7.2	12.3	15.9	18.1
2	15.9	22.0	27.6	29.0
3	17.2	25.3	27.6	31.1

（4）流量计算方法。

市政设计排水流量是采用设计雨期t时段内净雨强度乘汇水面积计算。由于小区域降水历时短，汇流面积不大，排水流量多不考虑面上的衰减作用。城区排涝河道因汇集面积大，不同河段汇入的集水面积不同，河道最大流量模数与汇流面积并非线性关系，而且随面积增大而衰减，因此水利部门河道汇流通常采用单位线法或推理公式法计算。

可见，市政法在设计暴雨选样、时段长度及设计流量计算等方面均与水利法不同。市政排水和水利排涝标准的对应关系比较复杂。虽然有人研究了市政排水和水利排涝的设计暴雨重现期的对应关系，但由于不同城市暴雨特性不同，其对应关系并不适用于其他城市，加之两者的设计流量计算方法也不同，因此市政排水和水利排涝标准之间的关系很难用简单的对应关系来表达。

2. 典型城市案例分析

考虑我国南北方降水特点、城市产汇流的差别，分别在南方地区、中部地区和北方地区选择典型城市进行对比分析。考虑资料条件等因素，南方选取广东省东莞市鸿福河排涝区，中部选取安徽省合肥市小许河排涝区，北方选取黑龙江省鸡西市的排水区，进行典型分析计算。

（1）广东省东莞市鸿福河涝区。

广东省东莞市位于我国南部地区，处于亚热带季风气候区，多年平均降雨量在1800mm左右。鸿福河主要承担东莞市行政办事中心、中心广场等重要设施的排涝功能。河长6.9km，综合比降为3‰，集水面积为14.097km²。

1）市政排水流量计算。根据《广东省东莞市暴雨强度公式查算表》，雨水收集系统采

用的暴雨强度公式为

$$q=\frac{2378.679(1+0.5823\lg P)}{(t+8.7428)^{0.6774}}$$

式中　　q——暴雨强度，L/(s·hm²)；

　　　　t——降雨历时，min；

　　　　P——设计重现期，a；分别取0.5年、1年、2年、3年和5年。

　　设计排水流量采用以下公式计算，即

$$Q=q\psi F$$

式中　　Q——雨水设计流量，L/s；

　　　　q——设计暴雨强度，L/(s·hm²)；

　　　　ψ——径流系数，新城区取0.7、旧城区取0.8、集中绿地取0.15；

　　　　F——汇水面积，hm²。

　　根据典型区不同断面对应汇水区域的地形条件和地面铺盖情况，按其汇流时间确定降雨历时，见表4.4-23。

表4.4-23　　　　　　　　　　不同断面降雨历时

管段编号	管道长度/m	汇水面积/hm²		降雨历时/min	
		本段	累计	汇流时间	管内时间
1～2	290	9.3	9.3	20	4.5
2～3	570	46.91	56.2	24.5	7.95
3～4	960	44.04	100	32.45	12.6
4～5	1090	129.4	230	45.05	12.15
5～6	540	277.7	507	54.2	5.2
6～7	2000	617.7	1125	59.4	24
7～8	1115	284.6	1410	83.4	12.9

　　选择面积较大的第6、7、8号控制断面进行对比分析。经计算，东莞市鸿福河典型区不同断面的设计涝水流量见表4.4-24。

表4.4-24　　　　　　鸿福河不同断面设计排水流量（市政法）　　　　单位：m³/s

断面编号	不同重现期设计流量				
	0.5年一遇	1年一遇	2年一遇	3年一遇	5年一遇
6	45.6	55.3	65.0	70.6	77.8
7	82.4	100.0	117.58	127.78	140.71
8	94.6	114.65	134.75	146.57	161.3

　　2）水利排涝计算。设计暴雨采用广东省暴雨等值线图查算见表4.4-25。设计洪峰流量采用《广东省暴雨径流查算图表》中的推理公式法进行计算。鸿福河集水区域 $\theta=47.842<100$，$m=0.78$。经计算各断面5年、10年、20年、50年一遇设计洪峰流量见表

4.4 - 26。

表 4.4 - 25　　　　　鸿福河不同重现期不同历时设计面暴雨表　　　　　单位：mm

暴雨重现期	1h	6h	24h	3d
5 年一遇	73.7	130.2	179.7	247.4
10 年一遇	88.6	166.8	230.2	316.9
20 年一遇	102.8	203.2	280.4	386.1
50 年一遇	121.0	251.1	346.5	477.1

表 4.4 - 26　　　　　鸿福河不同断面设计洪峰流量表（水利法）　　　　　单位：m³/s

暴雨重现期	洪峰流量		
	6 号断面	7 号断面	8 号断面
5 年一遇	35.8	69.2	81.0
10 年一遇	49.9	96.0	111.92
20 年一遇	63.5	122.73	144.0
50 年一遇	81.2	157.4	186.87

3）重现期比较。将市政法计算的设计流量对应的重现期作为横坐标，将推理公式法（水利法）确定的相同流量下的重现期作为纵坐标，得到市政排水法、水利法重现期关系曲线，见图 4.4 - 9。市政排水法不同重现期对应的水利排涝法重现期值见表 4.4 - 27。

表 4.4 - 27　　　　　鸿福河市政排水标准与水利排涝标准关系对比表

控制断面		市政排水法重现期				
		0.5 年一遇	1 年一遇	2 年一遇	3 年一遇	5 年一遇
水利排涝重现期	6 年一遇	8.5	13.8	22.6	31.2	44.3
	7 年一遇	7.5	11.4	18.0	24.1	35.2
	8 年一遇	7.2	10.5	16.2	21.8	32.2

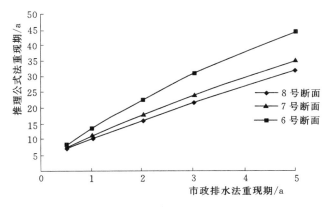

图 4.4 - 9　东莞市鸿福区市政排水标准
与水利排涝标准关系曲线

由图 4.4-9 可知，8 号断面市政排水法重现期为 1 年一遇的设计流量为 115m³/s，相当于推理公式法水利排涝法的重现期为 10.5 年的设计流量；市政排水法重现期为 2 年一遇的设计流量 135m³/s，相当于水利排涝法重现期为 16.2 年的设计流量。因此，采用水利排涝 20 年一遇排涝标准所确定的排涝河道规模可以承泄市政排水重现期 1～2 年一遇城区管渠雨水排入河道的涝水。

（2）合肥市小许河排水区。

安徽省合肥市位于我国中部地区，气候处于北亚热带北部。多年平均降水量在 1000mm 左右。小许河位于合肥市东南部，为十五里河中游的一条支流，属于城市新区排涝河道，流域面积 22.34km²，主河道全长 8.2km，河道平均坡降 1.3‰。

1）市政排水流量计算。市政排水计算公式为

$$Q = q\psi F$$

式中　Q——雨水设计流量，L/s；

　　　q——设计暴雨强度，L/(s·hm²)；

　　　ψ——径流系数，建设用地取 0.6、绿地取 0.15；

　　　F——汇水面积，hm²。

选用合肥市的暴雨强度公式为

$$q = \frac{3600(1 + 0.76\lg P)}{(t + 14)^{0.84}}$$

式中　q——暴雨强度，L/(s·hm²)；

　　　t——降雨历时，min；

　　　P——设计重现期，a，分别取 0.5 年、1 年、2 年、3 年、5 年、10 年、20 年。

经计算，合肥市小许河典型区不同断面的设计涝水流量见表 4.4-28。

表 4.4-28　　　　　　　小许河不同断面设计流量表（市政法）　　　　单位：m³/s

控制断面	不同暴雨重现期设计流量				
	0.5 年一遇	1 年一遇	2 年一遇	3 年一遇	5 年一遇
繁华大道 A1	22.9	29.7	36.5	40.5	45.5
包河大道 A2	32.7	42.4	52.1	57.8	65.0
兰州路 A3	39.9	51.8	63.6	70.5	79.2
黄河路 A4	43.6	56.6	69.5	77.1	86.6
入河口 A5	48.8	63.3	77.8	86.3	96.9

2）水利排涝计算。城区水利排涝采用 1984 年编制的《安徽省山丘区中、小面积设计洪水计算办法》中的综合单位法进行计算。设计暴雨采用安徽省年最大 24h 降雨量均值等值线图、C_v 等值线图和安徽省年最大 1h 降雨量均值等值线图、C_v 等值线图计算出不同重现期的最大 24h 降雨量和最大 1h 降雨量，结果见表 4.4-29。

根据《安徽省山丘区中、小面积设计洪水计算办法》确定产汇流计算方法及参数，计算出各断面不同重现期设计洪峰流量结果见表 4.4-30。

表 4.4-29　　　　　　　小许河设计最大 24h 降雨量和最大 1h 降雨量表

项　目	不同重现期降水量/mm			
	50 年一遇	20 年一遇	10 年一遇	5 年一遇
最大 24h	220.3	178.3	146.4	114.2
最大 1h	102.7	84.5	70.6	56.3

表 4.4-30　　　　　小许河不同断面设计洪峰流量成果表（水利法）　　　　单位：m³/s

控制断面	不同重现期设计流量			
	50 年一遇	20 年一遇	10 年一遇	5 年一遇
繁华大道 A1	51.7	29.4	19.0	8.9
包河大道 A2	88.1	51.1	32.3	15.6
兰州路 A3	108.4	62.5	39.3	19.2
黄河路 A4	117.4	67.3	42.3	20.8
入河口 A5	134.1	76.3	47.9	23.8

3）重现期比较。市政排水法不同重现期对应的水利排涝法重现期值见表 4.4-31 和图 4.4-10。市政排水法选用的重现期为 1 年，相应流量下的水利法重现期为 15.4～20.4 年，与集水面积大小关系密切。小许河排水区设计标准采用的暴雨重现期一般为 20 年，

表 4.4-31　　　　小许河市政排水重现期与水利法重现期值对比　　　　单位：a

设计断面及集水面积/km²		市政重现期	0.5	1	2	3	5
繁华大道 A1	6.97		13.8	20.4	29.6	34.9	41.7
包河大道 A2	12.77		12.2	17.4	22.8	27.4	33.2
兰州路 A3	16.03	对应水利重现期	11.3	16.4	21.7	26.2	31.9
黄河路 A4	18.51		10.7	16.0	21.8	26.3	32.1
入河口 A5	22.34		10.3	15.4	20.8	25.2	30.7

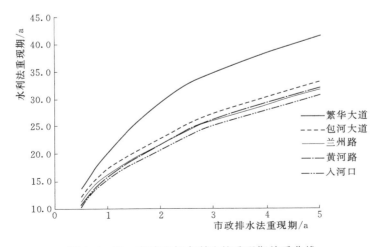

图 4.4-10　市政法与水利法的重现期关系曲线

67

因此采用水利法确定的河道排水标准与市政管网的排涝标准是基本相衔接的，可以满足场次暴雨从城区雨水管网顺利地进入内河，然后汇集到排水口，由排涝闸自排或由排涝站抽排至承泄区的要求。

（3）黑龙江鸡西市排水区。

鸡西市位于三江平原东部的穆棱河中游，多年平均降水量为533mm，主要集中在汛期6—9月份，占全年降水量的71%。鸡西市中心城区内共有11个排水区，选择两西排水区、城市排水区A和城市排水区B这3个面积不同的排水区作为典型进行对比分析：两西排水区位于穆棱河右岸，排水区内为鸡冠区，排水面积为5.54km²，为城区排水；城市排水区A位于穆棱河右岸，排水区内为鸡冠区，排水面积为4.37km²，为城区排水；城市排水区B位于穆棱河右岸，排水区内为鸡西市主城区，排水面积为1.97km²。

1）市政排水计算方法。市政排水设计流量采用下列公式计算，即

$$Q=q\phi F$$

式中　Q——雨水设计流量，L/s；

　　　q——设计暴雨强度，L/(s·hm²)；

　　　ϕ——径流系数，取0.45；

　　　F——汇水面积，hm²。

其中设计暴雨强度，根据城市排水手册，采用鸡西市城市暴雨强度公式，具体公式为

$$q=\frac{2054(1+0.76\lg P)}{(t+7)0.87}$$

式中　t——降雨历时，min；

　　　P——设计重现期，a。

市政排水设计流量计算公式同前，其中径流系数取0.45。经计算，城区排水流量成果见表4.4-32。

2）水利排涝计算方法。根据当地经验，城区河道排涝流量采用1h设计暴雨1h平均排除计算。根据黑龙江省1996年出版的《水文图集》中的多年平均最大1h点雨量等值线图以及年最大1h点雨量变差系数C_v等值线图，查得1h点雨量均值以及C_v值，从而得到鸡西市1h各频率设计点雨量。根据不同排水区的面雨量和面积，推算各排水区的设计涝水流量，考虑城区不同的下垫面条件等因素，鸡西市区综合径流系数采用0.6。由径流系数法计算净雨量。按1h降水产生的净雨，1h平均排除计算排水区的设计排涝流量，成果见表4.4-32。

表4.4-32　　　　　**市政法与水利法不同重现期设计流量比较表**　　　　单位：m³/s

排水区	面积/km²	重现期（市政法）		重现期（水利法）				
		1年	2年	50年	20年	10年	5年	3年
两西排水区	5.54	36.56	44.9	74.3	58.5	46.8	35.2	26.9
城市排水区A	4.37	28.84	35.4	58.6	46.2	36.9	27.8	21.2
城市排水区B	1.97	13.00	16.0	26.4	20.8	16.6	12.5	9.55

从表 4.4 - 32 中可以看出，市政管网 1 年一遇排水流量相当于水利 5 年一遇河道排水流量，市政管网 2 年一遇排水流量相当于水利 10 年一遇河道排水流量。

（4）小结。

根据 3 个城市排涝案例的比较分析，市政排水法重现期与水利法重现期不存在简单的对应关系，市政排水标准与水利排涝标准之间关系比较复杂，与各地区暴雨特性、涝区面积、产汇流特点、计算时段和计算方法等有关。由于各城市之间的暴雨特性和产汇流特点各不相同，因此不同城市的市政排水标准与水利排水标准之间的关系也不尽相同，难以用简单的关系概括表达。

同一地区市政排水与水利排涝法重现期的关系受流域面积影响较大。一般规律是：面积越小、市政法重现期与水利法重现期相差越大，即市政排水法某一流量的重现期对应的水利排涝法相应流量的重现期相差越大，如合肥市许小河区繁华大道口至许小河入十五里河入河口面积由 6.97km² 增加至 22.34km²，市政 1 年一遇排水流量从相当于水利 15 年一遇变为 20 年一遇。

根据南北方 3 个典型城市排涝案例对比分析，市政法计算的 1 年一遇设计流量，约对应水利法计算的 5～20 年一遇的流量；市政法计算的 2 年一遇设计流量，对应水利法计算的 10～30 年一遇的流量。目前我国城市的大多数城区采用 1 年一遇的市政排水标准，由此可见，按 10～20 年一遇水利排涝标准确定的排涝规模基本上能满足市政 1 年一遇降雨的管网排水要求。

参 考 文 献

[1] 水利电力部水利水电规划设计院，长江流域规划办公室．水利动能设计手册治涝分册 [M]．北京：水利电力出版社，1988．

[2] 中华人民共和国水利部．SL 723—2016 治涝标准 [S]．北京：中国水利水电出版社，2016．

[3] 中华人民共和国国家标准．GB 50288—99 灌溉与排水工程设计规范 [S]．北京：中国计划出版社，1999．

[4] 水利部水文局，南京水利科学研究院．中国暴雨统计参数图集 [M]．北京：中国水利水电出版社，2006．

[5] 丁一汇，张建云．暴雨洪涝 [M]．北京：气象出版社，2009．

[6] 刘俊，等．城市管道排水与河道排涝标准的关系 [J]．中国给排水．第 22 卷第 2 期，2007.1．

[7] 王国安，等．论推理公式的基本原理和适用条件 [J]．人民黄河，2010.12．

第 5 章

治涝标准与涝区治理工程费用和效益关系研究

5.1 问题的提出

我国社会经济快速发展，但排涝设施建设仍是许多地区的软肋，一旦遇较大强度的暴雨，排涝标准低、排涝能力不足的问题就暴露无遗，特别是城市内涝问题已引起社会各界的广泛关注。

治涝标准与经济社会发展水平、防护对象的安全要求及治涝工程的规模和投资、效益等直接相关，涉及面广，影响因素多，政策性强，其最直接影响的是治理工程的费用和效益。

治涝标准体系影响因子有降雨重现期、降雨历时、排出时间和排除程度，本章主要论证降雨重现期与费用、效益的关系。结合各地区的自然条件和社会经济情况，通过典型调查分析，开展治涝工程费用与效益和治涝标准关系分析，论证经济合理的治涝标准，为区域治涝规划等服务。

5.2 国内外研究现状和成果

5.2.1 国外研究成果

国外对治涝标准做过一定的分析研究工作，取得了一些成果，并在实际中得到了应用。国外田间排涝标准与人均 GDP 关系如图 5.2-1 所示。

从图 5.2-1 中可以看出，一是低标准段的曲线增长较快；二是高标准段的曲线增长缓慢。

低标准段的曲线增长较快是由于治理初期（人均 GDP≤5000 美元），治理工程的位置较好、问题单纯、治理效益较高；标准提高以后，治理工程的条件变差、问题复杂、保护的困难加大。低标准治理阶段花同样的投资，治理水平提高较快，而且绝大部分的投资用于基础设施上。自然灾害与治理工程也有一定的规律，即在低、高标准条件下，同样提高

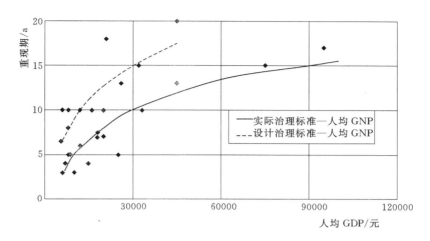

图 5.2-1 国外田间排涝标准与人均 GDP 关系

标准 1%的边际效果和机会费用差别很大，前者更有吸引力，动力和激励机制都大得多。低标准一般反映经济实力相对较小，对基础设施投资有限。但上述特点正是迅速实现"水安全基本平台"的优越条件和机遇，许多发展中国家正在步入这一平台。

高标准段的曲线增长缓慢是基础设施投资边际效益递减的反映，是工程措施标准达到一个相对极限的表示。事实上，在高标准段曲线（人均 GDP＞30000 美元）继续提高标准，不仅边际效益低，投资的机会费用也高（即用于灾害治理投资的效益低于其他行业投资效益），所遇到的问题也更复杂，在降低洪水风险方面，还不如制度创新和加强管理方面的投资（这些标准提高并没有反映在工程措施标准上）。这是发达国家在灾害治理内涵方面发生的重点转移。

5.2.2　国内研究情况

目前我国各省份的治涝标准在暴雨重现期、降雨历时、排除时间及排除程度上有所区别，降雨历时、排除时间及排除程度根据治理对象要求和常规经验、习惯等采用，暴雨重现期一般采用 3～5 年一遇，也有采用 10 年一遇甚至 20 年一遇的。进入 20 世纪 90 年代以来，特别是 1998 年特大洪水后，国内各平原区的防洪除涝标准都要求进一步提高。

黑龙江省 2005 年开展三江平原防洪治涝时，选取具有代表性的典型涝区进行分析，得出涝区内农业经济处于不同发展水平时，治涝标准应根据当地实际情况，结合流域特征综合考虑，合理制定治涝标准。涝灾较重的广东、安徽等省份也做了大量的相关研究工作，结论也基本相似。

通过以往工作来看，在农业生产水平较高、经济发达的地区，治涝标准应高一些。

5.3　费用和效益计算

5.3.1　费用计算

治理工程费用包括建设投资和年运行费用两部分。

1. 建设投资

建设投资包括使工程能充分发挥效益要求的全部工程项目的投资。通常包括由最末一级固定排水沟开始计算至干渠和骨干河道的费用，再加上承泄区的有关费用。建设投资一般由工程部分、征地和环境部分等组成。

工程部分投资主要包括建筑工程费、安装工程费、设备费、临时工程费、独立费用、预备费及其他配套工程的投资。

征地和环境部分包括蓄水淹没处理补偿费、建设及施工场地征用补偿费、水土保持工程及补偿费、环境保护补偿费、预备费等。

已有治理工程的工程费用一般按重置资产法进行估算，资料不全时可简化处理。

对拟订的工程方案按现状价格水平估算不同治理标准的费用。征（占）地补偿按现行国家和地方政策执行。

2. 年运行费

治涝工程年运行费是指为保证工程正常运行每年所需要的经费开支，包括燃料动力费、材料费、维修费、工资、行政管理费等。

3. 费用分摊

治涝工程兼有灌溉、治碱、航运、养鱼等效益时，应根据工程任务的主次，对投资和年运行费用进行分摊，一般可采用附加投资分摊法、净效益比例分摊法、占用库容或用水量比例分摊法等。当治涝和灌溉要求同等重要、分摊要求精度又较高时，也可考虑采用分离费用-剩余效益分摊法。

如果其他部分的效益所占比例很小，也可不必分摊，由治涝部门承担全部投资和年运行费用。

对于下游承泄区工程费用的分摊，如果下游承泄区主要是为防洪蓄水服务的，那么排涝部分一般可不承担分摊费用。如果主要是为排涝服务的，则应进行分摊或全部由排涝部分负担。

5.3.2　效益计算方法

根据国内外资料，涝灾的多年平均损失计算有以下 5 种方法。

1. 实际计算多年平均损失值

此法适用于治理前和治理后都有长系列的多年受灾面积统计资料的地区。应用此法时，可求出治理前历年涝灾面积的多年平均值和治理后历年涝灾面积的多年平均值之差，即多年平均减淹面积，也就是多年平均治涝效益。这种方法的应用具有局限性，仅适用于已建成治涝工程的效益计算。

2. 内涝积水量法

形成内涝的因素是非常复杂的，农作物减产的多少与积水深度、积水历时、地下水位变化情况、作物品种、作物生长周期等均有关系。内涝积水量在一定条件下可以代表积水深度、积水历时和地下水位变化情况等因素，因此该法从内涝积水量着手，研究农作物的减产百分数，从而求出内涝损失。

3. 内涝积水量简化法

根据调查或试验的不同作物的内涝积水深-积水时间-减产率来估算涝灾损失。

4. 雨量涝灾相关法

该法是利用修建工程前的历史洪灾资料，估计修建工程后的涝灾损失。其步骤是先建立雨量与涝灾的相关关系，把雨量频率曲线转换为涝灾频率曲线，从而求出多年平均涝灾损失。

雨量涝灾相关法基本假定：涝灾损失随某个时段的雨量 P 而变化，且降雨过程与成灾过程是一致的；降雨频率与涝灾频率相对应；小于和等于工程治理标准的降雨不产生涝灾，超过治理标准所增加的雨量和增加的灾情相对应。

5. 雨量笼罩面积法

该法的基本假定是：涝灾是汛期历次超过一定数量或设计标准的暴雨形成的，涝灾虽与暴雨的分布、地形、土壤及水利工程现状等因素有关，但在治理后，这些因素的影响是相同的；涝灾只发生在超标准降雨所笼罩的范围内；年涝灾面积与超标准暴雨笼罩面积的比值，在治理前后是相等的。

综合不同方法的适用范围及优、缺点，根据典型区具体情况选择适合的方法进行治涝效益计算。

5.4 典型案例分析

5.4.1 案例区选择

在全国范围内选择 5 个分区的 10 个案例区进行研究，包括东北平原区的黑龙江省两个案例区、淮河中下游平原区的河南省和江苏省各一个案例区、长江中游区的湖北省两个案例区、长江下游平原区浙江省两个案例区、珠江三角洲区的广东省两个案例区，见表 5.4-1。

表 5.4-1 案 例 区 选 择 表

序号	分区名称	案例区名称	所在省份	类型		治涝面积/万亩		现状排涝标准
				农田	城市	合计	水田	
1	东北平原区	五九七涝区	黑龙江	√		87.64	0	<3 年一遇
2		大兴涝区		√		67.8	37.76	<3 年一遇
3	淮河中下游平原区	颍蜞洼地	河南	√				<5 年一遇
4		里下河腹部地区	江苏	√	√			5~10 年一遇
5	长江中游区	江汉平原（四湖螺山）	湖北	√		79.04	46.38	3~10 年一遇
6		江汉平原（四湖小港）		√		2.29	1.41	<5 年一遇
7	长江下游平原区	温黄平原涝区	浙江	√	√	90.8	77.2	农村 5 年一遇，城区 20 年一遇
8		杭嘉湖平原涝区		√	√			5~10 年一遇

序号	分区名称	案例区名称	所在省份	类型		治涝面积/万亩		现状排涝标准
				农田	城市	合计	水田	
9	珠江三角洲区	广州市番禺区亚运城涝区	广东	√	√	1.608	0.651	5 年一遇 24h 设计暴雨，1d 排完不成灾
10		清远市佛岗县荷田涝区	广东	√		1.73		5 年一遇

5.4.2　案例一（东北平原区）

1. 案例区选择

在黑龙江省三江平原腹地选取资料比较健全的五九七涝区、大兴涝区进行治涝标准与效益关系研究。

2. 案例区概况

（1）自然概况。

五九七涝区位于黑龙江省农垦总局红兴隆分局，该区总控制面积 91.26 万亩，金沙河涝片控制面积 15.62 万亩，大孤山涝片控制面积 75.64 万亩。涝区内总人口 3.04 万人。地势由西南向东北倾斜，西南为山前岗坡地，地面比降在 1/700～1/3000 内，地面高程在 75.0～65.0m 内；东北部为低平原，地面比降在 1/5000～1/7000 内，地面高程在 65.0～62.0m 内。

大兴涝区位于三江平原挠力河左岸，隶属黑龙江省国营农垦总局建三江管局大兴农场。控制面积为 81.15 万亩。

五九七及大兴涝区治涝工程量及投资汇总表见表 5.4-2 至表 5.4-4。

表 5.4-2　　　　　　　五九七涝区治涝工程量及投资汇总表（自排）

作物种类	治涝标准	总投资/万元	效益面积/万亩	亩投资/（元/亩）
旱田	无工程～33.3%	24262	88.14	100
	33.3%～20%	18975	87.66	94
	20%～10%	20870	87.64	110
	10%～5%	22738	87.62	127
水田	无工程～33.3%	23532	88.15	95
	33.3%～20%	18503	87.68	89
	20%～10%	20317	87.64	101
	10%～5%	21621	87.63	111

注　现状标准不足 3 年一遇。

表 5.4-3　　　　　　　五九七涝区治涝工程量及投资汇总表（水田强排）

治涝标准	工程占地 /hm²	工程投资 /万元	占地投资 /万元	总投资 /万元	效益面积 /万亩	亩投资 /(元/亩)
现状提到 5 年一遇	312.04	11046	10672	21718	88.34	125
5 年提到 10 年一遇	336.15	13673	11496	25170	88.31	155
10 年提到 20 年一遇	346.73	16315	11858	28174	88.29	185

表 5.4-4　　　　　　　　　　大兴涝区治涝投资汇总表

作物种类	治涝标准	工程占地 /hm²	工程投资 /万元	占地投资 /万元	总投资 /万元	效益面积 /万亩	亩投资 /(元/亩)
水田	无工程提到 2 年一遇	234.37	7098	8016	15114	67.74	104.79
	3 年提到 5 年一遇	182.07	5736	6227	11963	67.81	85
	5 年提到 10 年一遇	191	6665	6532	13197	67.8	98
	10 年提到 20 年一遇	202.04	8007	6910	14917	67.78	118
旱田	无工程提到 2 年一遇	234.82	7385	8031	15416	67.74	109
	3 年提到 5 年一遇	183.41	6329	6273	12601	67.81	93
	5 年提到 10 年一遇	191.17	7351	6538	13889	67.8	108
	10 年提到 20 年一遇	202.41	9685	6922	16608	67.78	143

（2）工程现状。

五九七涝区修建了较为系统的防洪工程：内七星河堤防及三环泡南部围堤、金沙支河回水堤、金沙河泄洪工程及沿山坡角下的巨宝山截流沟。防洪标准基本达到 20 年一遇。内部排水分两个分区，即金沙河涝区和大孤山涝区，排水系统初具规模，但现状标准低于 3 年一遇。

大兴涝区防洪工程（挠力河左岸堤防和新七星河两岸堤防）都已建成，现状防洪标准为 10 年一遇。区内的外洪基本得到了防御，同时也给排除内涝提供了承泄条件。现状排水标准不足 3 年一遇。

3. 工程治理方案

采取扩挖排水渠道断面、增加排水能力，以提高治涝标准。

4. 工程量及投资

估算投资分两部分，即设计工程量投资、工程永久占地投资。

设计工程量投资利用案例区所在项目区各类工程量综合单价计算。工程永久占地投资按照现行黑龙江省土地占用标准补偿。

5. 案例区效益估算

五九七涝区涝灾减产率与年降雨、大兴涝区涝灾减产与最大 30d 面雨量关系较好，因此采用时段降雨与涝灾损失建立相关关系。根据案例区雨量频率曲线及雨量减产率曲线，以合轴相关图法，求得减产率频率曲线，从而估算不同治理标准的年平均减产率，成果见表 5.4-5。作物种植比例、单产及综合亩效益计算见表 5.4-6。

表 5.4-5　　　　　　　　涝区不同治理标准年平均减产率表　　　　　　　　　　%

项目	五九七	大兴	平均
无工程情况	24.10	20.10	22.10
3 年标准	10.90	7.10	9.00
5 年标准	5.20	3.90	4.55
10 年标准	1.90	1.70	1.80
20 年标准	1.35	1.30	1.33

表 5.4-6　　　　　作物种植比例、单产及综合亩效益计算表

项　目		水稻	大豆	玉米	小麦	综合亩效益/元
五九七	种植比例/%	0	25	40.7	34.3	611.0
	现状单产/kg	500	140	500	200	
大兴	种植比例/%	55.7	25.1	8.1	11.1	1053.3
	现状单产/kg	520	140	450	200	

考虑通过分析对涝区综合亩均效益影响最大的作物——水稻在总作物种植比例中占不同比例时对效益指标和治涝标准的影响，拟订了三套方案，见表 5.4-7。

表 5.4-7　　　　　不同方案作物种植比例、单产及综合亩效益计算表

项　目		水稻	小麦	玉米	大豆	综合亩效益/元
方案一	种植比例/%	10	37	21	32	650.4
	现状单产/kg	500	140	500	200	
方案二	种植比例/%	40	25	14	21	900.5
	现状单产/kg	500	140	500	200	
方案三	种植比例/%	80	8	4.7	7.3	1233.4
	现状单产/kg	500	140	500	200	

根据以上分析计算，涝区治涝工程效益汇总见表 5.4-8 和表 5.4-9，拟订方案涝灾减产率按调查区涝区平均减产率计算，涝区平均不同治涝标准减产率见表 5.4-10，不同治涝标准效益成果见表 5.4-11。

表 5.4-8　　　　　　　五九七涝区治涝效益汇总成果表

项　目 ＼ 治理标准	无工程	3 年	5 年	10 年	20 年
年平均减产率/%	24.1	10.9	5.2	1.9	1.35
减少涝灾减产率/%		13.2	5.7	3.3	0.55
治涝效益/万元		7108.5	3052.9	1767.0	294.4
亩均治涝效益/(元/亩)		80.6	34.8	20.2	3.4

表 5.4-9　　　　　　　　　　大兴涝区治涝效益汇总成果表

项　目　＼　治理标准	无工程	3 年	5 年	10 年	20 年
年平均减产率/%	20.1	7.1	3.9	1.7	1.3
减少涝灾减产率/%	13		3.2	2.2	0.4
治涝效益/万元	9275.9		2285.7	1571.2	285.6
亩均治涝效益/(元/亩)	136.9		33.7	23.2	5.2

表 5.4-10　　　　　　　　　　涝区不同治涝标准减产率成果表

项　目　＼　治理标准	无工程	3 年	5 年	10 年	20 年
年平均减产率/%	22.1	9	4.55	1.8	1.33
减少涝灾减产率/%	13.1		4.45	2.75	0.48

表 5.4-11　　　　　　　　　　涝区不同治涝标准效益成果表

项　目		减免减产率/%	亩均减灾效益/元
方案一	3 年提高到 5 年	4.45	28.9
	5 年提高到 10 年	2.75	17.9
	10 年提高到 20 年	0.48	3.10
方案二	3 年提高到 5 年	4.45	40.1
	5 年提高到 10 年	2.75	24.8
	10 年提高到 20 年	0.48	4.3
方案三	3 年提高到 5 年	4.45	54.9
	5 年提高到 10 年	2.75	33.9
	10 年提高到 20 年	0.48	5.9

6. 经济指标分析

（1）典型调查区评价指标。

根据前述效益和费用，按照效益与费用一致原则，治涝标准由现状提高到 5 年一遇、5 年一遇提高到 10 年一遇、10 年一遇提高到 20 年一遇，分别计算案例区治涝工程经济指标，成果见表 5.4-12。

（2）拟订方案评价指标。

为分析不同涝区、不同作物组成对经济指标影响，通过计算本地区经济效益最高的作物水稻占不同比例时涝区的治涝效益，按照效益与费用一致原则，计算治涝工程经济指标成果，见表 5.4-13。

7. 治涝标准与治理工程效益和费用关系分析

从案例区经济分析成果表中可以看出，两个案例区的治涝标准由现状提高到 5 年一遇，效益费用比均大于 1，经济内部收益率均大于 8%，说明治涝标准提高到 5 年一遇在

表 5.4－12　　　　　　　　　　　案例区治涝工程经济指标成果表

项　　　目		治涝标准（重现期）			
		无工程提高到3年一遇	3年一遇提高到5年一遇	5年一遇提高到10年一遇	10年一遇提高到20年一遇
五九七（自排全旱作）	经济效益费用比	2.25	1.23	0.65	0.10
	差额经济内部收益率/%	23.72	11.34	1.81	
五九七（强排全旱作）	经济效益费用比	1.88	1.04	0.50	0.07
	差额经济内部收益率/%	19.49	8.58	3.14	
大兴（自、强排结合）	经济效益费用比	4.47	1.35	0.84	0.13
	差额经济内部收益率/%	46.7	12.84	5.43	

表 5.4－13　　　　　　　　　　　治涝工程经济指标成果表

项　　　目			治涝标准（重现期）				备注
			无工程提高到3年一遇	3年一遇提高到5年一遇	5年一遇提高到10年一遇	10年一遇提高到20年一遇	
五九七自排	方案一	经济效益费用比	2.40	1.32	0.69	0.11	水田10%旱田90%
		差额经济内部收益率/%	25.43	12.45	2.72		
	方案二	经济效益费用比	3.33	1.84	0.97	0.15	水田40%旱田60%
		差额经济内部收益率/%	35.45	18.96	7.50		
	方案三	经济效益费用比	4.62	2.54	1.34	0.21	水田80%旱田20%
		差额经济内部收益率/%	48.14	27.01	12.75		
五九七强排	方案一	经济效益费用比	2.01	1.10	0.54	0.08	水田10%旱田90%
		差额经济内部收益率/%	20.96	9.50	－1.0		
	方案二	经济效益费用比	2.80	1.55	0.76	0.11	水田40%旱田60%
		差额经济内部收益率/%	29.83	15.41	3.99		
	方案三	经济效益费用比	3.90	2.16	1.07	0.16	水田80%旱田20%
		差额经济内部收益率/%	41.22	22.69	9.05		
大兴自排强排结合	方案一	经济效益费用比	3.58	1.09	0.68	0.10	水田10%旱田90%
		差额经济内部收益率/%	38.01	9.26	2.39		
	方案二	经济效益费用比	5.01	1.54	0.96	0.15	水田40%旱田60%
		差额经济内部收益率/%	51.81	15.4	7.44		
	方案三	经济效益费用比	6.96	2.20	1.37	0.23	水田80%旱田20%
		差额经济内部收益率/%	68.85	23.19	13.16		

经济上是合理的；当治涝标准由5年一遇提高到10年一遇时，只有方案三效益费用比大于1，说明只有在经济价值相对较高情况下，治涝标准在10年一遇是合适的。因此，本地区治理标准（指暴雨重现期）近期以5年一遇为宜，随着经济发展可择机提高到10年一遇。

5.4.3 案例二（珠江三角洲地区）

选择广州市番禺区亚运城涝区和清远市佛岗县荷田涝区进行分析。

1. 番禺亚运城涝区

（1）概况。

亚运城内涝整治范围包括亚运城上游区、亚运城以及亚运城下游区，治理涝区面积10.72km²，包括南浦、海傍、赤山东、赤岗、裕丰、南派6个村。2008年，涝区地区生产总值4.08亿元，工农业总产值8.96亿元，年人均收入约为23486元。

区内水田面积约4.34km²，鱼塘面积1.69km²，河涌调蓄水域面积0.32km²，合计涝区水面率为18.8%。

亚运城周边地区现状排涝体系主要由河涌、外江排涝水闸构成。主要排涝河涌包括裕丰涌、南派涌、官涌、隔三涌共4条，现状涝区没有排水泵站，涝水只能在退潮时靠外江水闸自排至外江。现有外江水闸3座，分别为裕丰水闸、南派水闸、官涌水闸。由于建成年代久远，缺乏更新和改造，工程达标率较低。在涝区外围有两座水闸，分别为隔三涌与海傍涌交汇处官涌节制闸和砺江河口的新砺江水闸。

大部分河涌的排涝能力仅达5年一遇24h暴雨1d排干。

（2）工程治理方案。

针对现状河涌"缩（萎缩）、淤（淤积）、污（污染）、障（涌障）"等问题，通过河涌清淤、拓宽扩容、河涌沿岸截污以及划定河涌规划控制线，拆除沿岸违章建筑等综合手段进行治理。增设裕丰泵站、官涌泵站，采取水闸自排与泵站抽排结合的排涝方式，并考虑亚运城新开人工湖莲花湖的建设，在一定程度上保证了涝区具有一定的蓄排能力。涝区内河涌包括裕丰涌、南派涌、官涌、隔三涌，总长度约15.2km，规划整治长度13.8km，计入砺江河右岸亚运城段1.7km，河涌综合整治总长15.5km。

（3）案例区工程设计。

根据总体布局和建设规划，重建裕丰、南派、官涌水闸，周边相邻涝区新建新砺江水闸、官涌节制闸。

裕丰涌排涝区需新建排涝泵站，排涝流量为24m³/s；官涌排涝区需新建排涝泵站，排涝流量为17m³/s。

（4）工程量及投资。

该案例区整治范围为亚运城上游区、亚运城、亚运城下游区，治涝面积10.72km²，其中重建水闸3座、新建排涝泵站2座，河涌综合整治15.5km。另有治涝区外的周边排涝区新建水闸2座，也同时纳入治涝工程量中。

新建、重建水闸工程项目投资18213.25万元，新建泵站工程项目投资6964.29万元，河涌综合整治工程项目投资14466.28万元，合计治涝工程总投资39643.82万元。

（5）效益估算。

各项排涝工程实施后，除涝标准由现状的5年一遇提高到20年一遇。采用实际计算多年平均损失值法，按受益区内不同设计标准工农业总产值的多年平均除涝减灾率估算治涝效益，减灾率取值范围为1%～10%，按此估算番禺区多年平均除涝效益为8960万元/年。

（6）治涝标准与治理工程效益和费用关系研究。

由现状标准提高到10年一遇和由10年一遇提高到20年一遇分别计算案例区治涝工程经济指标（表5.4-14）。

表5.4-14　　　　　　　　　番禺亚运城涝区不同治理标准经济指标表

暴雨重现期	由现状提高到10年一遇	由10年一遇提高到20年一遇
排除程度	1d排至控制内水位，不成灾	
差额经济效益费用比	2.33	0.72
差额经济内部收益率/%	24.56	5.35

由现状提高到10年一遇、1d排至控制内水位、不成灾的标准，差额经济效益费用比大于1，差额经济内部收益率大于8%，说明治涝标准提高在经济上均是合理的。但当治涝标准继续提高时，在经济上已不合理，因此10年一遇标准较为合适。

2. 清远市佛岗县荷田涝区

（1）概况。

荷田涝区位于广东省清远市佛冈县，包括龙山镇关前、白沙塘村、良塘村、车步、黄塱5个行政村和黄塱工业园。位于凤洲联围下游段，处于潖江河一级阶地上，地形地貌以平原为主，排涝任务由荷田电排站和荷田水闸承担。涝区内有人口1.3万人，农田8500亩，旱地5000亩，鱼塘500亩；并有亚联电子厂、广怡电子厂、宝泰汽车配件厂等多家工厂，保护工业年产值2.5亿元，另有两家企业正在建设中。

荷田涝区总集雨面积24km²，1976年在涝区右侧环山开挖了西圳截洪渠，拦截客水10.13km²；荷田电排站排涝面积13.87km²。涝区内还有一条排、灌两用的主干灌排渠道以及一个自排水闸。

荷田电排站装机4台595kW，在排站右侧，还建有"人"字门自排闸，该闸共有3孔，单孔净宽2.3m、高2.8m。荷田电排站于1974年建成，由于治涝投入长期不足，设备更新改造投入欠账，经36年的运行，机组超期服役，水泵汽蚀、锈蚀严重，电机、变压器等电气设备绝缘性能差，电缆短路烧爆时而发生，设备保护装置失灵，安全性能很差。电排站无法达到设计排水能力，高耗低能，已不能正常运行。

（2）工程治理方案。

荷田涝区排水系统由荷田电排站、荷田水闸和西圳截洪渠组成。治涝工程措施包括加大泵站装机容量、改造建筑物、疏浚扩宽截洪渠、排水渠等。

排涝工程主要建设内容包括拆除旧电排站，重建一座新电排站。在紧靠新建泵站左侧加建一座自流排水闸，封堵原自排闸。在电排站厂房右侧布置生活区，生活区建设防洪物资仓库（防汛值班室）等。加固西圳截洪渠；疏浚、加固排水渠。

（3）工程量及投资。

主要建筑物包括排水闸、泵房、引水渠、进出水池、压力水箱、防洪闸、截洪渠、排水渠等。主要工程量：土方开挖72517m³，土方填筑70140.32m³，混凝土5982m³，浆砌石1653m³。主要材料用量：水泥1627t，钢筋276t，碎石5092m³，块石2109m³，中砂 5010m³。

工程静态总投资为 1319.29 万元。

（4）效益估算。

利用实际计算多年平均损失值法，多年平均治涝效益为 357 万元。

（5）治涝标准与治理工程效益和费用关系研究。

由现状标准提高到 10 年一遇和 10 年一遇提高到 20 年一遇分别计算案例区治涝工程经济指标，成果见表 5.4-15。

表 5.4-15　　　　　　　　　案例区排涝工程经济指标成果表

暴雨重现期	由现状提高到 10 年一遇	由 10 年一遇提高到 20 年一遇
排除程度	3d 排干	
差额经济效益费用比	2.23	0.69
差额经济内部收益率/%	23.44	5.18

由现状提高到 10 年一遇、3d 排干，差额经济效益费用大于 1，差额经济内部收益率大于 8%，说明治涝标准提高到 10 年一遇、3d 排干在经济上是合理的。但当治涝标准由 10 年一遇提高到 20 年一遇时，差额效益费用比、经济内部收益率降幅较大，说明标准提高到 10 年一遇以上相对不合适。

5.4.4　案例三（淮河中下游平原区河南省）

选取具有代表性的淮河流域沙颍河水系颍蛛洼地作为案例区，开展治涝标准与投资及效益关系分析研究。

1. 概况

颍蛛洼地位于河南省中部、漯河市北部，地势平坦，属黄淮平原，总控制面积 520.9km²，其中郾城区面积 376.8km²，临颍县面积 124.1km²，治理区以外襄城县面积 20km²。治理范围内土地面积 500.9km²。地势由西北向东南倾斜，地势低洼，洪涝灾害较为严重。据资料统计，于 1991—2007 年的 17 年间累计涝灾面积 81.4 万亩，年平均涝灾面积 4.8 万亩，占治理区总耕地面积的 23.8%。平均每 3～4 年就发生一次较大的涝灾。

颍蛛洼地属淮河流域沙颍河水系，流域内已形成防洪除涝工程网络。涝区内有长春沟、回曲河、柳河、柳支、塔河、黄花渠、小里河、望花渠、马拉河共 9 条排水河道。涝区治理始于 20 世纪六七十年代，治理标准多为 3 年一遇，经过多年运行，多数河道淤积严重，排水能力很低，稍遇暴雨，涝水便下泄困难，积涝成灾。

2. 工程治理方案

颍蛛洼地治理，主要为河道疏浚工程，对区内的长春沟、回曲河、柳河、柳支、塔河、黄花渠、小里河、望花渠、马拉河共 9 条支流进行疏浚，疏浚总长度 88.08km，同时对有关的涵闸、桥梁等建筑物进行拆除重建或接长加固，其中拆除重建涵闸 4 座、桥梁 35 座，维修加固桥梁 16 座。

各沟道出口底高程受其汇入的河道底高程控制，沟道比降由现状地面比降决定，而除涝水位由其两岸农田决定，当治理标准提高时，设计排涝流量随之增大，只有调整河道宽度才能达到除涝效果，因此，各治理标准情况下可简化为仅调整河道底宽来实现。

随着治理标准的提高，河道宽度随之增加，涵闸设计规模增大，桥梁长度加长但宽度不变。

3. 工程投资

河道疏浚土方开挖 14 元/m³。

水闸按流量估算：流量小于 1m³/s 时投资按 45 万元计列；流量大于 1m³/s 且小于 20m³/s 时投资按 40+5Q 计算；流量大于 20m³/s 时投资按 7Q 计算（注：投资单位为万元，Q 为涵闸设计流量，单位为 m³/s）。

重建或接长桥梁设计宽度均为 5m，以 2 万元/延米计算投资，并计列拆除费 20 万元/座；维修桥梁按 0.4 万元/延米计算投资。

永久占地按 7 万元/亩（含附属物及税费）计列。

以各项工程量乘以相应扩大指标后累计即为直接工程费，再扩大 25% 即为工程总投资。

投资估算汇总见表 5.4-16。

表 5.4-16　　　　　　　颍蜈洼地不同治涝标准投资估算汇总表　　　　　　单位：万元

项　目	治涝标准（重现期）			
	3 年一遇	5 年一遇	10 年一遇	20 年一遇
一、建筑工程	5802.2	6869.3	8593.2	9378.2
疏浚土方工程	3153.3	3925.2	5185.1	5657.7
涵闸工程	866.3	1002.0	1200.8	1401.1
桥梁工程	1782.6	1942.0	2207.2	2319.4
二、独立费用	1450.6	1717.3	2148.3	2344.6
三、永久占地费	7256.6	8876.2	11593.1	12639.8
总投资	14509.3	17462.8	22334.5	24362.6

4. 效益估算

根据治理地区地形特点和洪涝灾资料分析，效益计算采用雨量涝灾相关法，即根据历年降雨和灾害资料，建立有、无工程成灾面积频率曲线，由此推求有、无工程多年平均洪涝灾面积。具体算法：根据沙颍河流域内 3d 降雨量频率曲线及所绘制的雨量—洪涝灾面积关系曲线，求得河道治理前和治理后的洪涝灾面积频率曲线，工程前后二者面积差即为工程实施后多年平均减灾面积。

（1）直接效益计算。

流域内以农作物为主，夏作小麦，秋作玉米、棉花、花生、大豆等。根据近年来作物产量调查，经综合分析，治理区综合亩均损失 440 元/亩。按除涝标准治理后，多年平均减灾面积 4.8 万亩，则多年平均效益为 2112 万元。另外，由于涝灾引起的居民家庭财产和基础设施损失按上述直接损失的 20% 计列，则本工程年均直接效益约 2534 万元。

（2）间接效益计算。

以上计算的效益为直接经济效益，由于洪涝灾害，采用折减系数法，根据治理区情况采用间接损失占直接损失的15%估算，经计算工程年均间接效益为380万元。

5年一遇治理标准的多年平均除涝效益为2534＋380＝2914（万元）；3年一遇治理标准的效益为2437万元；10年一遇治理标准的效益为3286万元；20年一遇治理标准的效益为3488万元。

5. 治涝标准与治理工程效益和费用关系研究

由现状提高到3年一遇、5年一遇、10年一遇、20年一遇标准，分别计算案例区治涝工程经济指标见表5.4-17和表5.4-18。

表5.4-17　　　　　　　　颍蜈洼地治涝工程经济指标表

项　　目	治涝标准（重现期）			
	现状提高到 3年一遇	现状提高到 5年一遇	现状提高到 10年一遇	现状提高到 20年一遇
经济效益费用比	1.37	1.36	1.2	1.17
经济内部收益率/%	12.58	12.47	10.55	10.15

表5.4-18　　　　　　　　颍蜈洼地治涝工程差额经济指标表

项　　目	治涝标准（重现期）			
	现状提高到 3年一遇	3年一遇提高到 5年一遇	5年一遇提高到 10年一遇	10年一遇提高到 20年一遇
经济效益费用比	1.37	1.32	0.62	0.81
差额经济内部收益率/%	12.58	11.97	2.17	5.34

从表5.4-17和表5.4-18可以看出，工程由现状分别提高到3年一遇、5年一遇、10年一遇、20年一遇标准时，效益费用比均大于1，经济内部收益率均大于8%，说明治涝标准由现状提高到3～20年一遇，在经济上均是合理的。

从差额经济指标来看，3年一遇提高到5年一遇，经济指标大于8%，由5年一遇提高到10年一遇和由10年一遇提高到20年一遇，则经济指标均低于8%，由此来看，提高到5年一遇经济指标较优。

5.4.5　案例四（长江中游区湖北省）

选择四湖流域中的螺山、小港两个含集中调蓄区和不含集中调蓄区的典型案例区，研究四湖流域除涝标准。

1. 案例区概况

（1）有集中调蓄区的螺山排区。

螺山排区位于监利县，总排水面积935.5km²，耕地面积为79.04万亩（水田46.38万亩、旱田32.66万亩）。该排区地势低洼，地面高程23.00～28.00m，自西北向东南方向倾斜，是湖北省监利县地势最低区域。

螺山排区有杨林山排渠和螺山总排渠两条骨干排渠；有沙螺干渠、前进渠、丰收渠、汴河、三八河、东大垸河、棋盘中心河、朱河、桥市河、中心河和札水长河 11 条主要支渠；有桐梓湖、幺河口两处涵闸与洪湖连接。排区内有螺山泵站和杨林山泵站一级排水泵站，设计排水流量 $210 \text{m}^3/\text{s}$；二级排涝泵站总装机容量 13495kW，装机流量 $126.6 \text{m}^3/\text{s}$，排水面积达 378.8km^2。

（2）无集中调蓄区的小港排区。

小港排区总面积 25km^2，耕地面积为 2.29 万亩（其中水田 1.41 万亩，旱地 0.88 万亩），是仅靠泵站排涝水的小排区，只能通过扩大泵站装机提高除涝标准。

2. 工程治理方案

（1）有集中调蓄区的螺山排区。

考虑两种治理方案：一是新建一级排涝泵站或者是增加螺山泵站、杨林山泵站的装机容量；二是建设螺西涝水调蓄区，缓排涝水。

（2）无集中调蓄区的小港排区。

通过排涝泵站扩机增容等措施，以增加排水能力、治涝标准。

3. 治涝标准与治理工程效益和费用关系研究

（1）有集中调蓄区的螺山排区。

1）一级泵站增容。通过一级排涝泵站扩容或新增一级排涝泵站提高排涝标准，拟分别增加装机流量，使排涝标准达到 10 年一遇和 20 年一遇。评价结果见表 5.4－19、表 5.4－20 和图 5.4－1。

表 5.4－19　　　　　　　不同装机流量除涝标准的经济评价结果表

装机流量/(m³/s)	197	230	259	280	300	337
排涝标准	5	7.9	10	12.1	14.5	20
泵站投资/万元	724	4189	7408	9886	12386	17566
内部收益率/%	13.44	10.3	8.25	7.1	5.4	4.2
经济净现值/万元	1124	817	450	−380	−1760	−5616
效益费用比	1.48	1.26	1.07	0.85	0.64	0.47

表 5.4－20　　　　　　　不同装机流量除涝标准的差额经济评价结果表

排涝标准	现状提高到 5 年一遇	5 年一遇提高到 10 年一遇	10 年一遇提高到 20 年一遇
泵站差额投资/万元	724	6684	10158
差额经济内部收益率/%	14.75	11.29	5.95
效益费用比	1.56	1.3	0.85

从图 5.4－1 和表 5.4－19、表 5.4－20 可见，随着装机流量的增加，除涝排水标准提高；但反映其效益的指标内部收益率、效益净现值与效益费用比也逐渐降低。由 5 年一遇提高到 10 年一遇时，差额经济内部收益率大于 8%，由 10 年一遇提高到 20 年一遇时，差额经济内部收益率小于 8%。说明从经济合理性来看，螺山排区的排涝标准 10 年一遇

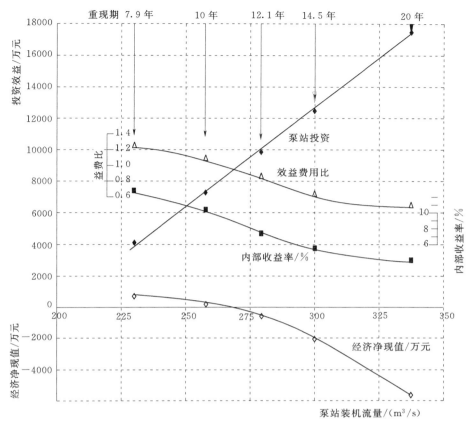

图 5.4-1 不同装机流量除涝标准的经济评价结果

比较合理。

2）建设集中调蓄区。在不改变现状下垫面前提下，建设集中调蓄区，经济评价结果详见表 5.4-21、表 5.4-22 和图 5.4-2。

表 5.4-21　　　　　　　不同调蓄区规模除涝标准经济评价成果表

调蓄区面积/km²	10	20	40	60	80	100
排涝标准	5	8.9	16.7	29.4	47.1	69.6
调蓄区投资/万元	2250	4500	9000	13500	18000	22500
内部收益率/%	15.7	13.4	9.45	6.55	4.37	2.68
经济净现值/万元	5059	4335	2140	−1124	−3851	−5767
效益费用比	1.72	1.45	1.15	0.86	0.65	0.44

表 5.4-22　　　　　　不同调蓄区规模除涝标准差额经济评价成果表

排涝标准	现状提高到 5 年一遇	5 年一遇提高到 10 年一遇	10 年一遇提高到 20 年一遇
调蓄区差额投资/万元	2250	2970	5120
差额经济内部收益率/%	13.4	9.54	7.12
效益费用比	1.44	1.24	0.94

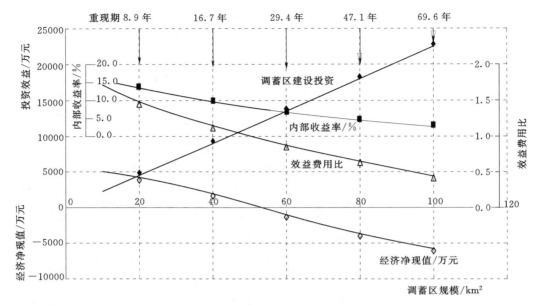

图 5.4 - 2　不同调蓄区除涝标准的经济评价成果

可以看出，通过增加调蓄区面积等措施，治涝标准在 10～20 年一遇是比较合适的。

3）两种措施对比。通过泵站扩容经济合理的治涝标准在 10 年一遇左右，通过增加调蓄区经济合理的治涝标准在 10～20 年一遇之间。可见，通过增加调蓄容积（有可调蓄容积的前提下）提高排涝标准要比扩容经济。但目前情况下建设集中调蓄区征地难度较大。

（2）无集中调蓄区的小港排区。

通过扩机容量增加排水能力来提高治涝标准，计算经济指标结果见表 5.4 - 23 和表 5.4 - 24。

表 5.4 - 23　　　　　小港排区不同泵站装机流量的经济评价结果表

装机流量/(m³/s)	3	4	5	6	8	10
泵站投资/万元	226	301	376	451	602	752
内部收益率/%	14.6	14.1	13.4	12.9	12.5	11
净效益/万元	147	179	197	31	258	210
效益费用比	1.55	1.5	1.44	1.07	1.36	1.24
排涝标准/a	1.5	1.9	2.5	2.7	10.9	11.1

表 5.4 - 24　　　　　小港排区不同强排流量差额经济评价表

排 涝 标 准	现状提高到 5 年一遇	5 年一遇提高到 10 年一遇	10 年一遇提高到 20 年一遇
泵站差额投资/万元	303	147	167
差额经济内部收益率/%	9.18	8.71	2.4
效益费用比	1.09	1.05	0.63

通过比较可见，治涝标准在 10 年一遇以下均是经济合理的，大于 10 年一遇的治涝标准并不经济。

5.4.6 案例五（长江下游平原区浙江省）

1. 温黄平原

（1）自然地理概况。

温黄平原位于浙江省椒江及灵江干流以南，总面积约 2357.7km²。地形是西南高、东北低。西北与西南部为括苍、北雁荡等山脉。

规划工程的防洪排涝保护范围主要是温黄平原区域内的黄岩、椒江、路桥、温岭 4 个市（区）的低洼易淹、易受涝区。温黄平原 2005 年年末总人口 269.57 万人，其中城镇人口 142.21 万人，农村人口 127.36 万人；耕地面积 90.8 万亩，其中水田 77.2 万亩，旱地 13.6 万亩。

（2）工程现状。

现状黄岩、路桥城区及温黄平原农村排涝能力在 5 年一遇左右，椒江、温岭城区排涝能力约 20 年一遇。

（3）工程治理方案。

治理方案包括修建泵站、扩挖河道、新建隧洞、水闸等泄水和调蓄工程，使温黄平原各区域的最高洪涝水位有效降低，缩短淹没时间，减少洪涝灾害损失，提高治涝标准。

上述推荐的排涝工程实施后，基本可达到城区 20 年一遇 24h 降雨不受灾，农田 10 年一遇 3d 暴雨 4d 排出不受灾的排涝标准。

（4）估算投资。

工程投资估算总表见表 5.4-25。

表 5.4-25　　　　　　　　工 程 投 资 估 算 总 表

序号	工程或费用名称	投资/万元	永久征地/亩	拆迁/万 m²
	排涝工程	660877	17047	42
1	黄岩排涝工程	80681	963	7
（1）	城西河工程	32076	643	2
（2）	方山隧洞工程	41594	320	5
（3）	泵站工程	7011		
2	洪家场浦工程	67412	1237	6
3	青龙浦＋栅岭汪工程	173524	4422	12
（1）	青龙浦工程	72218	1273	8
（2）	栅岭汪工程	101306	3149	4
4	金清二期工程	55000	1929	16
5	湖漫隧洞工程	63854	590	1
6	围圩电排工程	24719	183	
（1）	前郑	2515	29	
（2）	葛岙	3821	50	

续表

序号	工程或费用名称	投资/万元	永久征地/亩	拆迁/万 m²
（3）	牧屿西郊	8397	40	
（4）	金施桥	6602	38	
（5）	三池窟	3384	26	
7	低地调蓄工程	195687	7723	
（1）	鉴洋湖工程	115395	4723	
（2）	九龙汇工程	80292	3000	

（5）涝灾损失的调查及效益分析。

自新中国成立以来，温黄平原受台风影响 140 余次，登陆台州 16 次，对该地区社会经济发展带来严重影响。

工程建成后，可有效降低温黄平原的洪涝水位和淹没时间，减少洪涝灾害损失。根据近几年洪涝灾害损失统计资料，估算工程投资及相应的工程效益。经济指标分析成果见表 5.4-26。设计排涝标准—治涝效益关系曲线如图 5.4-3 所示，设计排涝标准—工程投资关系曲线见图 5.4-4，工程效益（经济损失）—工程投资关系曲线见图 5.4-5。

表 5.4-26　　　　　　　不同频率情况下经济损失及工程投资估算表

暴雨重现期	2 年一遇	5 年一遇	10 年一遇	20 年一遇	50 年一遇
工程效益/亿元	0.21	3.28	9.49	21.64	29.73
工程措施	局部低地围圩电排	增加排涝口门	进一步增加骨干排涝河道	填高地面，增设泵站	进一步填高地面，增加调蓄水域
工程投资/亿元	2.47	24.48	53.88	95.08	179.45
效益费用比	0.09	0.13	0.18	0.23	0.17

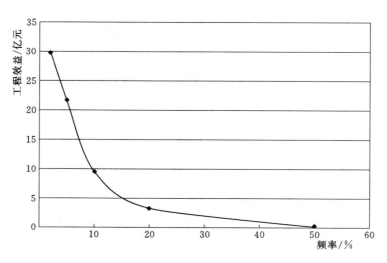

图 5.4-3　设计排涝标准—治涝效益关系曲线

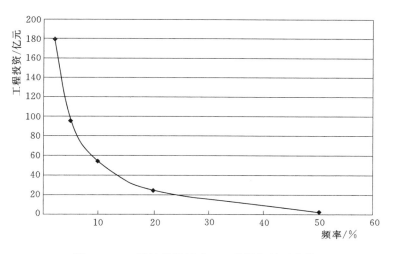

图 5.4-4 设计排涝标准—工程投资关系曲线

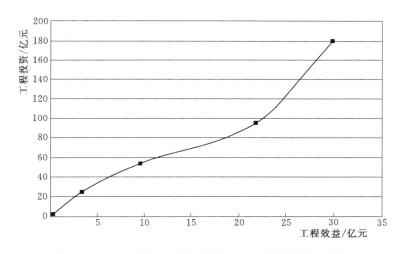

图 5.4-5 工程效益（经济损失）—工程投资关系曲线

（6）结论。

随着工程效益的增加，所需投入的工程投资也大幅增加，且标准越高，投资增加越快。工程效益费用比也显示，5%频率以下，效益费用比是逐步增加的，而至2%的频率，效益费用比反而大幅降低。温黄平原总体10～20年一遇的排涝标准是基本合适的，进一步提高治涝标准则需投入过多资金，而工程效益却不明显。

2. 杭嘉湖平原

（1）基本情况。

"杭嘉湖区"又称为杭嘉湖东部平原，位于太湖流域的南部，是太湖流域8个水利分区之一。本区域西靠东苕溪及导流港，东接黄浦江，北滨太湖，南濒钱塘江杭州湾，总面积为7426km²（其中浙江省6481km²），占太湖流域总面积约20.5%。

杭嘉湖东部平原地势低平，圩区总面积约占52%。存在广泛的自然圩，圩堤低矮，堤身薄弱，缺少护岸工程，难以承受长历时高水位的考验。目前圩区总体上防洪能力在 5～10 年一遇，地面沉降严重的局部地区不足 5 年。

杭嘉湖东部平原区域防洪治涝工程主要包括两方面：一方面是区域外排工程及其排水骨干河道工程；另一方面是面上的圩区整治及次级排水河道等水利工程。

（2）治理方案。

杭嘉湖东部平原治理总体方案，选择了外排和区域农田水利工程不同组合的 3 个方案进行比较，确定合理的治理总体方案。

1）单纯圩区整治方案（方案 A）。在现有区域外排能力的条件下，通过区域内部实施高标准圩区建设，全面提高区域内部各个圩区的治理标准，使区域各地的安全水位从现状的 5～10 年一遇提高到 20 年一遇以上治理目标。

2）区域骨干工程与面上圩区治理相结合方案（方案 B）。扩大外排枢纽工程及拓浚骨干河道工程，增强区域外排能力，合理选定圩区总体布局、规模和排涝标准。圩区排涝动力与区域性排水骨干河道的排水能力相适应，共同实现区域治理目标。

3）全包围格局方案（方案 C）。以现有圩区格局为基础，通过加大实施骨干排水河道和排水闸站等措施，控制平原河网内部的 20 年一遇设计洪水位接近现行保证（危急）水位，以达到平原总体不受灾的目的。

遵循"技术经济合理、防洪风险可控、生态环境优先"的原则，通过费用效益、洪涝渍害、生态环境等方面，宏观上比较分析地区治理总体思路，可以确定区域骨干工程与圩区治理相结合方案作为治理杭嘉湖东部平原思路是合适的。流域布局方案比较见表 5.4-27，地区不同治理方案投资及相应水位见图 5.4-6，杭嘉湖东部平原淹没面积统计见表 5.4-28。

表 5.4-27　　　　　　　　流域布局方案比较表

方案	建设投资/亿元	洪涝渍害风险	生态环境和景观负面影响
方案 A	245	较大	较大
方案 B	210	适中	适中
方案 C	316	较小	最小

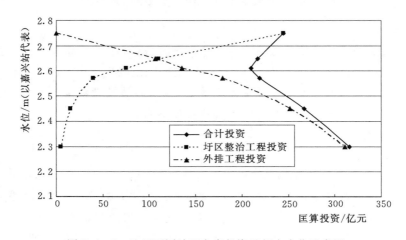

图 5.4-6　地区不同治理方案投资及相应水位示意图

表 5.4-28   杭嘉湖东部平原淹没面积统计表（梅汛期）

项　　目		治涝标准（重现期）			
		5 年一遇	10 年一遇	20 年一遇	50 年一遇
淹没面积/km²	治理前	191	454	1743	2525
	治理后	94	181	250	577

注　杭嘉湖东部平原浙江省面积 6481km²。

从表 5.4-28 得知，规划工程实施后，梅汛期各频率洪水淹没面积都有所减小。5 年一遇的淹没面积，从 191km² 减小到 94km²；10 年一遇，从 454km² 减小到 181km²；20 年一遇，从 1743km² 减小到 250km²；50 年一遇，从 2525km² 减小到 577km²。当流域遭遇梅汛期 20 年一遇洪水时，淹没面积占总面积的 3.8%。一般认为，流域遭遇某频率洪水，淹没面积占总面积比例小于 4% 时，认为该区域达到相应的防洪排涝标准。实施推荐的四大排涝工程和圩区工程后，杭嘉湖东部平原防洪排涝能力可从现状的 5～10 年一遇提高至 20 年一遇。

（3）投资估算。

工程投资估算见表 5.4-29。

表 5.4-29   工 程 投 资 估 算 总 表

序号	工　　程	投资/亿元	总用地/亩
1	平湖塘延伸拓浚工程	27.5	4220
2	太嘉河工程	19.1	3405
3	环湖河道整治工程	14.6	3108
4	扩大杭嘉湖南排工程	50.2	10951
5	圩区整治工程	50.0	
合　　计		161.4	

（4）涝灾损失与效益分析。

1）治理工程方案。杭嘉湖地区防洪排涝治理工程措施的选定应遵循技术经济合理、防洪风险可控、生态环境优先的原则，综合比选确定治理总体方案。

圩区排涝能力的提高将造成圩外骨干河道水位上涨。若圩区标准过高，将导致骨干河道设计洪水位比现状保证水位有较大提高，现状已建圩区堤防加高加固工程量大，同时圩区配套建筑物需要重建的比例较高，投资巨大。因此，需要确定一个经济合理的治理标准。

在圩区排涝标准为 10 年一遇的基础上，对区域骨干工程规模进行方案比选。拟订方案 A：缩减四大推荐排涝工程的规模；方案 B：东部平原四大推荐排涝工程规模；方案 C：进一步增大四大推荐排涝工程规模。各方案外排工程规模见表 5.4-30。

2）排涝工程效益分析。从水利计算成果看出，当工程建成后，可有效地降低杭嘉湖东部平原的洪涝水位和淹没面积，减少洪涝灾害损失。若进一步增大排涝工程规模，必然会降低骨干河道洪涝水位和减小淹没面积，使流域整体防洪能力超过 20 年一遇标准。同

表5.4-30   各方案外排工程规模表

方 案	骨干河道工程	排涝闸（节制闸）	外排泵站
方案A	四大工程在可研报告推荐的河道规模基础上缩减部分河道规模。罗溇、幻溇底宽20m，平湖塘底宽40m，长山河整治河长50km	太浦河南岸建闸节制	泵站规模400m³/s
方案B	东部平原四大工程可研报告推荐的河道规模	太浦河南岸建闸节制	泵站规模900m³/s
方案C	长山河底宽120m，平湖塘底宽80m，运河二通道底宽80m，整治内部配套河道60km	太浦河南岸建闸节制；长山河、平湖塘闸净宽与河道配套	泵站规模1700m³/s

样，若在推荐排涝工程的基础上减小工程规模，与推荐工程实施后影响相比，洪涝水位将升高，淹没面积将增大，流域整体防洪能力将低于20年一遇标准。

各比较方案外排工程投资匡算以四大推荐排涝工程可研报告投资估算结果为依据。根据近几年洪涝灾害损失统计资料，估算相应的工程效益，见表5.4-31，治涝标准与工程投资和单位投资防洪排涝效益曲线见图5.4-7、图5.4-8。

表5.4-31   各方案投资匡算及单位投资防洪排涝效益表

方 案	治涝标准（非圩区部分）	外排工程/亿元	圩区工程投资/亿元	总投资/亿元	单位投资防洪排涝效益/（元/百元）
方案A0	5年一遇	0	50	50	5.7
方案A	10年一遇	40	50	90	6.1
方案B	20年一遇	111	50	161	6.9
方案C	50年一遇	230	50	280	5.3

注   1. 表中投资仅包括水利工程一次性投资，不包括道路、桥梁、航运影响的补偿工程费用。
　　 2. 单位投资效益是指工程实施后取得的多年平均防洪排涝效益（2008年价格水平）与各方案投资的比值。
　　 3. 方案A0表示在现有区域外排能力的条件下，仅建设10年一遇标准圩区。

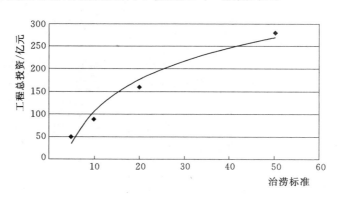

图5.4-7　治涝标准—工程投资关系曲线

方案A0，在现有区域外排能力的条件下，建设10年一遇标准圩区，进一步抬高了骨干河道水位，无疑对非圩区区域造成更大的灾害损失，圩区从原来的5～10年一遇标准提高至10年一遇，而环杭州湾现状目前未实行圩区的地方，如海宁、海盐、平湖等地未新建圩区区域将从原来的5～10年一遇标准降低至5年一遇，甚至不足5年一遇。

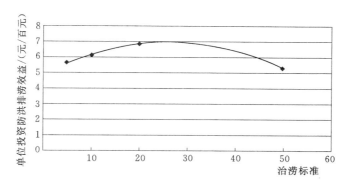

图5.4-8 治涝标准—单位投资防洪排涝效益关系曲线

方案A，圩区治理与实施新的外排工程相结合。此方案外排工程规模不及推荐的几大主要排涝工程，规模过小导致通过扩大外排枢纽工程来降低平原水位的效果不明显。区域内不少洼地虽新建了圩区，但由于河道水位较高，非圩区的防御能力仍在5~10年一遇。对整个杭嘉湖东部平原而言，防洪排涝能力未有明显的改善。这与社会经济发展迫切要求提高防洪治涝能力不相适应。

方案B，区域骨干工程与面上圩区整治相结合方案。区域骨干排涝工程为四大主要排涝工程。表5.4-31中直观地显示方案B单位投资效益最大，每100元投资可取得6.9元/年的效益。达到了区域骨干工程和面上圩区工程两者的最佳组合。

方案C，要使流域达到50年一遇及以上标准，外排工程规模需十分宏大。随着外排工程规模进一步扩大，其单位投资的水位降低幅度呈减小趋势。原因在于：一方面，受东部平原米市渡高潮位影响，嘉北地区水位降低幅度有限；另一方面，为适应外排工程排水需要对输水骨干河道规模大幅度拓宽，引起大量拆迁和征地，导致投资大幅度上涨。

综合比选，选用流域20年一遇的治涝标准作为治理杭嘉湖东部平原较为合适。

5.4.7 案例六（淮河中下游平原区江苏省）

里下河地区地处淮河下游，总面积约2.3万 km²，是淮河流域最大，也是最低的平原洼地。历史上洪涝灾害频繁，新中国成立后经过50多年的不断治理，经济社会发展迅速，该地区已成为全国著名农产品生产基地，也是国家重点发展战略中长三角地区和江苏沿海地区的一部分，是江苏省发展较快且最具潜力的地区。

1. 案例区概况

（1）地形地貌。

里下河地区地处江苏省中部，区域总面积23022km²。根据地形和水系特点，以通榆河为界，划分为里下河腹部和沿海垦区两部分。腹部地区又分为圩区和自灌区。里下河腹部地区为碟形洼地，总面积11722km²。

（2）工程现状。

经过50多年的治理，里下河地区已形成相对完整和独立的引排水系，形成了以射阳河、新洋港、黄沙港、斗龙港等四港自排入海为主，以江都站、高港站、宝应站分别通过新通扬运河、泰州引江河、潼河抽排入江为辅的排水体系。

里下河腹部地区一直依靠圩堤除涝，圩内发展机电动力抽排。经现状工情复核，全区除涝已达 5 年一遇标准，不足 10 年一遇（兴化外河网排涝设计水位 2.5m）。

2. 治理方案

（1）设计标准。

里下河腹部地区近期除涝标准达到 10 年一遇（兴化排涝设计水位 2.5m）；远期除涝标准腹部地区达到 20 年一遇（兴化排涝设计水位 2.5m）。

（2）圩外河网工程布置。

按照"下泄、中滞、上抽"的原则和治理方针，在次高地，拟利用外河网河堤、高等级公路形成分隔。处于低洼区的城市和重点城镇，也要构筑外围屏障。要继续整治和扩大外排出路，北部地区主要是整治四港恢复自排能力，并借助大套一、二站的抽排能力；南部地区借助江都站、高港站、沿通榆河一线各小站和南水北调东线工程宝应站，拓浚腹部河网，加强河网沟通，形成抽排配套规模；中部地区结合向垦区送水开辟直接入海排水专道。在扩大出路、努力降低河网水位的同时，加强湖荡地区的管理，滞蓄面积不小于 500km²，争取达到 700km²，为对付稀遇洪水作为滞洪准备。

（3）圩区除涝工程布置。圩口闸和内部排涝动力是防洪除涝的基本手段，圩堤、圩口闸是抵御外河网高水位的基本设施，圩内河网、水域是圩区除涝能力的内部条件，圩内抽排动力直接保护农田不受淹。因此，圩区建设的主要任务是健全圩区除涝。重建或新建圩口闸、排涝站等，并进行河道疏浚。

3. 工程量及投资

本次案例区计算总投资中仅包括两部分，即工程土方量、工程永久占地，其中永久占地包括河道开挖和弃土区占地。

10 年一遇治理工程的总投资约 104.5 亿元，其中土方开挖量 2.1 亿方，永久占地 5.0 万亩。

20 年一遇治理工程的总投资约 214.9 亿元，其中土方开挖量 4.0 亿方，永久占地 17.5 万亩。

4. 治涝标准与治理工程效益和费用关系分析

根据以上工程措施，工程投资与标准关系见表 5.4 - 32。

表 5.4 - 32　　　　　　　　工程费用与治涝标准成果表

治涝标准	工程投资 /亿元	差额投资 /亿元	土方开挖量 /亿方	永久占地面积 /万亩
现状提高至 10 年一遇	104.5	110.4	2.1	5.0
现状提高至 20 年一遇	214.9		4.0	17.5

里下河腹部地区属于典型平原水网洼地，排水条件差，治理工程浩大，但区域人口众多，农业生产条件较好，经济发展快，区域内不仅仅是农田，还有城市、村镇，整个区域社会活动都处在相对低洼地区。规划治涝标准采用 10 年一遇时，工程规模和投资、占地等相对合适，如进一步提高治涝标准，工程投资会大幅度增加，尤其是工程占地面积十分庞大，社会环境影响相对较大，因此，对于今后采用的治理标准，可根据涝区经济发展、

工程投资及占地影响处理情况进一步研究确定。

5.5 治涝标准与工程投资和效益的关系

通过对河南省、广东省、黑龙江省、湖北省、江苏省、浙江省的 10 个典型涝区治涝标准与工程措施及效益的分析研究可以看出，影响治涝标准及治涝措施的主要制约因素有 4 个：一是涝区内河网及排水沟道的蓄泄能力；二是排涝泵站的排水能力（装机）；三是涝区内调蓄区的调蓄能力（水面率）；四是涝区内农作物的种植结构。各案例汇总成果见表 5.5-1。

表 5.5-1　　　　　　　　　　　　案例成果汇总表

涝区名称	所属省份	总控制面积/万亩	保护区类型	耕地面积/万亩	投资/亿元		综合效益/亿元	治涝标准
					工程	占地		
五九七涝区	黑龙江省	143.8	农村	71.01	0.78	1.07	0.31	5～10 年一遇
大兴涝区	黑龙江省	81.15	农村	32.7	0.57	0.62	0.23	5～10 年一遇
番禺亚运城涝区	广东省	1.61	城市农村	0.651	3.96		0.7	10 年一遇
荷田涝区	广东省	3.6	农村	1.35	2.10	0.00	0.357	10 年一遇
颍蜈洼地	河南省	78.14	农村	50.1	1.07	1.16	0.33	5 年一遇
螺山排区	湖北省	140.33	农村	79.04	0.36		0.06	10 年一遇
小港排区	湖北省	3.75	农村	2.29	0.18		0.03	10 年一遇
温黄平原	浙江省	353.7	城市农村	90.8	24.47	29.41	13.49	20 年一遇
杭嘉湖平原	浙江省	972.2	城市农村		161		33.8	20 年一遇
里下河地区	江苏省	1758.3	城市农村	1441.8	69.5	35	21	10 年一遇

5.5.1 提高治涝标准的工程可行性

综合分析以上影响治涝标准制订及治涝措施和工程布局体系的制约因素，其可行性如下。

1. 扩大涝区内河网及排水沟道的蓄泄能力

黑龙江省三江平原五九七涝区和大兴涝区、河南省淮河流域沙颍河颍蜈洼地、广东省佛冈县龙山镇荷田涝区均采取扩大涝区内部河网及排水沟道断面，提高其蓄泄能力，一定程度上减轻排涝压力，减小作物淹没时间。利用该项工程提高治涝标准，不改变现有排涝工程总体布局，一次性投资较小，运行费小；在承泄区水位不增大前提下，工程见效快，施工简单容易，受益人群容易接受，可行性较大。该项工程的缺点是扩大渠道断面需要占用已有耕地，不适用于耕地紧缺和天然河网疏通施工难度较大的地区。

2. 扩大排涝泵站装机容量，提高排涝能力

湖北省四湖流域螺山、小港排水区、广东省番禺区亚运城涝区等采用扩大排涝泵站装机容量，提高排涝能力。利用该项工程提高治涝标准，不改变现有排涝工程总体布局，一次性投资较小，工程见效快，没有工程占地或占地较少，施工简单容易，受益人群较容易

接受，可行性很大。该项工程的缺点是运行费大，适用于排水面积小、承泄区水位高不能自排、耕地特别紧缺和北方年排涝时间较小的地区。

3. 提高涝区内水面率，建设蓄涝区，增加调蓄能力

应尽量利用排水区内的既有低洼地和水面进行涝水调蓄。湖北省四湖流域螺山排水区的原有调蓄区是洪湖，由于螺山电排渠和洪湖西围堤修建后与洪湖隔开，涝水一般不能进入洪湖调蓄，湖北省水利部门经研究后，采用结合螺山排水区中常年低洼地范围内的渍害低产田改造，发展水体农业，用于养殖、植莲、植树、种植芦苇等，安排滞蓄涝水，并将原洪湖"红线堤"以内的螺西垸低洼地一部分 $30\sim50\mathrm{km}^2$ 的面积作为涝水调蓄区和洪湖外分洪备蓄区，增加水面率。该项工程可行的前提是排水区内有可以利用的低洼地或水面，优点是效益明显高于扩大泵站装机的方案。据分析，当水面率约为 2.5% 时，适宜排涝标准为 10 年一遇；当水面率约为 5.6% 时，适宜治涝标准可达 20 年一遇。

蓄涝区作为一种重要的涝灾治理措施，在滞蓄涝水、减少涝灾损失、降低排水骨干工程规模、缓解排涝泵站排水压力中可发挥重要作用，同时也具有自净、降解污染的能力，可为湿地保护、水生动植物的繁衍提供有利条件。蓄涝区一般与其他治涝工程联合运用，可达到提高排涝标准的作用，具有调蓄区的涝区的生态环境系统、社会经济系统对水文情势的变化具有更好的适应能力。

但蓄涝区的占地面积较大，尤其是新开挖的蓄涝区工程一次性投资较大，需要适当改变现有工程整体设施总体格局。没有可利用的低洼调蓄区是制约该项工程可行性的主要因素，特别是在土地资源非常宝贵的经济发达地区，利用该项工程提高治涝标准难度较大。

4. 调整涝区内农作物的种植结构

种植结构调整会引起下垫面条件，如作物的适宜水深（水稻）、耐淹水深、入渗条件等的变化，从而影响农田的排涝需求。水田面积扩大，排涝标准将会提高；中稻面积增大，排涝标准也会增高，但不十分明显。

调整涝区内水旱田、水田中早中晚稻的种植比例，综合分析不同农作物的种植结构对于排水系统的压力，以及可能达到的实际排涝标准、适度减少旱作面积、合适的对于排水系统压力较小的早中晚稻的种植比例，可在一定程度上提高治涝标准。该项措施投资小，不占用耕地，没有运行费，生态环境系统、水文情势变化很小。但由于农作物种植结构的调整方案和作物品种及价格受市场变化影响很大，因此，该项措施实施的可行性不大。

5. 排水权配置

由于目前的排水管理体制和机制，基本沿用了计划经济体制下的水行政管理模式，缺乏流域管理的权威，流域各行业综合治理、整体排水调度难以深层次发展和改善。通过流域水土资源优化配置、推行排水权制度，合理划分各子区排水权和排污权，以适应涝区新形势的需要，同时结合现有工程的调蓄及抽排能力，最大限度地减轻涝灾。但该项工程是全社会、全方位的系统工程，近期实施难度较大。

5.5.2　治涝标准的经济合理范围

（1）现有治涝工程标准一般较低，多数未达到 5 年一遇，仅有个别经济较发达区域达到 10 年一遇及以上治涝标准。

提高治涝标准一般采取扩大河网及排水沟道的蓄泄能力、扩大排涝泵站装机容量，提高排涝能力，提高涝区内水面率，建设调蓄区，增加调蓄能力等措施。通过对 10 个典型案例分析，不同治涝工程及措施对应的治涝标准的经济合理性较为接近，不同保护对象对应的治涝标准的经济合理性相差较大。

经案例区分析，仅考虑经济合理的治涝标准，见表 5.5-2。

表 5.5-2　　　　　　　　　案例区经济合理的治涝标准统计表

一级区	案例省区	农田区				城市、乡镇	
		水田为主	水旱混合区	旱田为主	经济作物为主	重要性	单位经济当量
东北区	黑龙江省	10	5～10	5			
淮河中下游区	河南省			5			
	江苏省		10				
长江中下游区	湖北省		8～10				
	浙江省	10				10	10～20
珠江三角洲区	广东省		10		≥10	10	10

注　表中数字为××年一遇。

（2）治涝标准应根据排水区大小、作物种植结构及其他下垫面情况，现有防洪排涝措施、水灾害对象的自卫能力、流域特征等综合考虑，在经济指标合理范围内，综合考虑干支流汇流关系、现有工程蓄泄能力及发展潜力等合理制定治涝标准。

（3）对于河网不发达、土地资源较丰富、以旱田为主、没有调蓄水面、治涝面积较小区域，经济合理的治涝标准宜为 5 年一遇；治理工程易实施，种植附加值较高作物的地区，治涝标准可提高到 10 年一遇。

（4）对于河网密集、没有调蓄水面的涝区，治涝标准宜 5～10 年一遇。排水对外河防洪影响小、减灾对象要求较高的地区、工程措施简单易实施，从经济指标上看，治涝标准可按 10～20 年一遇确定。

（5）具有调蓄水面率较高或有低洼地等可参与调蓄涝水的区域，治涝标准可视防护对象重要程度、经济价值、调蓄水面比率而定，经济适宜标准为 10～20 年一遇。

（6）现有水面率较大或可建设调蓄区的涝区，并兼有排水泵站等除涝工程，减灾防护对象要求标准较高或经济发达的地区，治涝标准可适当提高到 20 年一遇。

（7）就保护对象而言，农田区内种植粮食作物经济合理的治涝标准为 5～10 年一遇；经济作物尤其如花卉等，耐淹时间短、经济价值高，治涝标准为 10～20 年一遇较为合适。

（8）城市排水承泄区标准应与城市内排水相适应，一般应在 10 年一遇及以上。

另外，通过大量的研究和工程实践，仅靠工程措施来防护，工程的标准越高，付出的投资代价越大，尤其在目前土地政策下，占地补偿越来越困难，即使在工程技术上可以做到，经济上是否可行值得深入研究。治涝未来应走工程措施与非工程措施相结合的道路。

5.6　建议

建议在现有经济评价指标体系中，适当引入环境、生态指标和社会稳定因素所带来的经济指标增减值。

　　研究未加入涝区排水对干流流量增加、相应增加干流防洪工程投资的影响，因为对于小面积涝区来说，该影响较小，但随着面积增加该影响会呈叠加趋势，应将该部分费用分摊到各排水区，这样更加全面，也更符合实际情况，建议如有资料可进一步研究。

参 考 文 献

[1]　吴恒安．实用水利经济学［M］．北京：中国水利水电出版社，1988．
[2]　王修贵．湖北省平原湖区涝渍灾害综合治理研究［M］．北京：科学出版社，2009．
[3]　王友贞．淮河流域涝渍灾害及其治理［M］．北京：科学出版社，2015．
[4]　中华人民共和国水利部．SL 723—2016 治涝标准［S］．北京：中国水利水电出版社，2016．
[5]　中华人民共和国国家标准．GB 50288—99 灌溉与排水工程设计规范［S］．北京：中国计划出版社，1999．

第 6 章

治涝标准指标体系研究

6.1 主要治涝措施和方法

6.1.1 城市治涝

1. 问题的提出

城市规模的不断扩大，使得土地利用性质和土地利用方式发生较大的变化，城市下垫面发生巨大变化，地面大范围硬化，导致发生暴雨时植物截流和填洼、下渗的雨水损失量大幅减少；占用行洪河道，填埋或缩窄河道断面，造成过水断面不足；原有的蓄涝区被侵占，农田、湿地大幅减少，滞蓄洪水的空间减少、调蓄作用明显削弱；随着道路交通的建设，路面填高，改变原有的排水方向，破坏了原有的排水体系；诸如此类，造成暴雨的汇流时间缩短，径流量和洪峰流量变大，峰现时间提前，加重了涝水危害。

涝灾对城市的危害主要体现在影响城市交通，扰乱城市正常的生产生活秩序，有时甚至会造成严重的经济损失和人员伤亡。随着城市的不断发展，经济总量不断增加，城镇化建设进程不断加快，涝灾造成的损失也在不断增加，人们对城市排涝问题的关注也在与日俱增，提高城市的排涝能力也日益迫切。

2. 城市治涝方法

城市治涝必须根据各个城市的特点和排涝条件，深入分析各城市的排涝问题，综合考虑城市的地形地势、有无调蓄容积、排水体系整体布局等方面的情况，并结合城市规划，考虑城市的规模和经济实力等，有针对性地采取相应的治涝方法和措施。

（1）科学规划。

治涝规划是城市治涝的基础和依据，没有进行过科学规划的治涝多数是局部的、零星的、不成体系的，达不到综合治理的目的。城市治涝需要针对城市排涝的问题和特点，根据城市的规模和功能定位，合理确定城市的治涝标准，从全局出发，结合城市的总体布局和市政规划，河渠分布，道路建设等，进行科学合理的治涝规划。

（2）以蓄为主、多种措施并举。

由于城市化导致涝水流量加大、流速增加、峰现时间缩短，要及时排出涝水难度较大，因此城市治涝在强化"引、疏、排、挡"能力的同时，更要重点强化蓄涝的功能，充分利用城市的低洼地、湖泊、湿地等进行蓄涝，对于局部地区或排涝死角，因地制宜地建设一些小范围的截蓄工程，当地面不具备建设条件时，也可考虑建设地下截蓄工程。尤其重要的是，要在城市的开发和建设过程中，保护好原有的水域，使其免受侵占，这往往能达到事半功倍的效果。

（3）完善城市排涝体系。

城市的雨水管网、排涝渠（涵）、调蓄湖（塘）、泵站及水闸等共同组成完整的城市排涝系统。

雨水管网是排涝系统的一个重要组成部分，多位于排涝系统的上游，具有收集、传输雨水的功能，也具备部分的储存雨水功能。雨水管网负责收集雨水的范围较小，输水速度较快，储水能力较弱。一般情况下，雨水管网先将雨水排至排涝渠（涵），再由排涝渠末端排出。

排涝河涌、排水渠（涵）、调蓄湖（塘）则处于排涝系统的中间，收纳雨水的范围比较大，调蓄能力较强。

泵站与水闸位于城市排涝系统的末端，外河（江）水位较低时通过水闸自排；反之通过泵站开机电排。

目前大多数城市的排水问题主要是由于市政管网的排水能力不足造成的，因此必须提高雨水管网的排水标准，扩大和疏通排水管道。但是即便管网的规模已经足够大，有些情况下，管网也无力传输强降雨在短历时内所产生的大量涝水，因此在完善市政排水管网时，一方面要确定合理的管网规模，另一方面也要因地制宜地建设一些蓄涝湖、洼地或地下水库。

城市内部的河道、湖泊、洼地多数情况下起着承纳涝水的作用，而排水闸门、涵管、泵站等则担负着泄涝的任务，有些情况下"承"和"泄"并不能截然分开。有的河道、湖泊等既有承涝的作用，同时也具备泄涝的功能。随着市政管网排水能力的逐步提高，对水利承泄区的承泄能力也将提出更高的要求。因此，必须加强城市排水骨干河道等水利承泄区的建设。处理好市政排水与水利排涝间的关系，做好水利承泄区和城市排涝管网的衔接。

（4）强化非工程措施。

1）加强宣传和教育，普及防涝基本常识。可以通过多种宣传手段，向市民普及有关防涝的基本知识、注意事项和防范措施等，提高市民的防灾减灾意识。

2）绘制城市涝灾风险图。根据城市暴雨涝灾损失情况，确定涝灾易发区的分布位置以及涝灾发生频率和涝灾严重程度，并绘制成城市涝灾风险图发放给市民、企业及事业单位，有助于市民、企事业单位了解易涝区分布位置，并及时采取防范措施等。

3）做好雨洪预报、治涝预案，建立应急响应机制。城市雨洪预报是治涝非工程措施的基础，准确的雨洪预报可以起到预警作用，也是排涝管理的一项重要前提，有着事半功倍的效果。如广东省珠江三角洲地区，由于地理位置濒临海洋，既有洪水又有暴潮，为了减轻涝灾，有的市区根据雨洪预报，预先排除河涌中的水体，以接纳涝水。

治涝预案可以减少涝灾期间由于缺乏准备而产生的盲目性，并避免不恰当和不科学的行动，使治涝工作有章可循，提高防涝治涝的效率，减轻涝灾损失，因此治涝预案对城市防涝治涝是非常重要的。不同量级的降雨所产生的涝灾严重程度不同，中小降雨并不会致灾，因此治涝预案应重点针对大雨、暴雨及特大暴雨，并相应确定不同的预警等级，提出对应的响应机制和措施等。

6.1.2 乡村治涝

乡村的治涝不同于城市治涝。城市人口密集、企事业单位众多、教育卫生医疗设施完备，交通发达，社会财富集中，因此一旦发生涝灾，对城市将会造成严重的影响。相对而言，乡村的人口密度要小得多，其他基础设施也有限，因此即便发生涝灾，其损失程度也较城市轻。乡村涝灾的危害主要反映在对农作物的影响方面，造成农作物的减产歉收。与城市治涝重点加强蓄涝设施建设不同，乡村治涝应根据农田的自然条件和实际情况，以排为主、排灌结合，重点是进行农田的排涝渠系建设。

1. 加强排涝渠系建设

排涝渠系是农田排涝的基本设施和根本保障，排涝渠系是否健全，直接关系到农作物的生长和发育，与农作物的产量和质量密切相关。

排涝渠系的建设要因地制宜，结合灌溉渠道的布置和走向，以及水利承泄区的位置和分布，进行科学合理的布局。排涝渠系的规模也要根据农田排水量的大小合理确定，规模较大则会造成不必要的占地和资金浪费，规模较小则达不到排水的目的。

建设和完善排涝渠系，需要在分析农田排涝渠系存在问题的基础上有针对性地进行。对于排涝渠系布局不合理的情况，需要调整和优化渠道布置；对于排涝渠系不完善的情况，要加强配套设施建设，必要时还需要沟通或新建渠道；对于排涝规模不够的情况，应扩挖渠道，扩大渠道过水断面；对于排水渠道切深不够的情况，应对渠道进行挖深；对于排涝渠道堵塞、淤积、不畅的情况，需要及时疏浚排水渠等。

对于灌排两用的渠道，还要注意加强管理，密切关注天气情况，做到在暴雨前期及时停止灌溉，将渠道内的水排干，以便渠道能够更好地发挥排水的功能。

2. 调整作物种植结构

农作物的种植结构与农田的排水密切相关，不同的农作物，其耐淹水深不同，所需的排水量也不同。根据不同农作物的排水特性，可在低洼易涝区种植一些耐涝的作物，如水稻等，优化和调整作物种植结构，从而达到生物防涝治涝的作用。如三江平原由于地势低洼，坡度平缓，经常发生涝灾，在不断总结经验的基础上，当地将旱作改为水田，收到了以稻治涝的效果。

3. 水土保持、水源涵养

加强水土保持和水源涵养，可以有效地防止水土流失，增加土壤墒情，增大降雨的截渗水量，减少农田的排水量。因此在水土流失严重的地区，应做好水土保持和水源涵养，积极开展植树造林和防护林建设，最大限度地减轻涝灾危害。

4. 土壤改良

对于农作物的渍害，应根据其渍害类型和造成的原因进行认真分析，针对由于土壤黏度较高引起的排水不畅问题，可以通过土壤改良来解决其排水问题，如对农田进行深耕深翻、破坏土壤内部的黏土层或是换土等。

6.2　治涝标准表达方式研究

6.2.1　国内外治涝标准现状

1. 城市治涝现状

（1）国外发达城市情况简介。

发达国家城市发展起步较早，虽经过长期的发展已经逐步形成了工程措施与非工程措施相结合的较为成熟的农田城市防洪排涝体系，但由于近年来全球气候变化和极端天气事件频发等原因，美国、德国、法国、英国和俄罗斯等发达国家的农田和城市也都遭遇过洪涝灾害的问题。

洪涝灾害对社会经济的影响主要体现在农业、交通运输业、工业和城市等方面。2012年7月8—9日，俄罗斯南部遭遇暴雨袭击并引发洪水，造成3.4万余人受灾，171人死亡，5000多栋房屋被洪水淹没，电力、天然气、供水和交通系统严重毁坏；2013年5月下旬至6月上旬，中欧地区出现连续性暴雨天气，平均降水量达77.6mm，为近34年历史同期最多，多瑙河水位成为1954年以来历史最高；2016年6月，包括大巴黎、诺曼底在内的法国14个地区维持洪水橙色警报，洪涝水导致法国近半数地区受灾，数以百计的市镇被淹，多处火车站因进水停开，数以千计的企业和商店受到影响，水灾造成的直接及间接经济损失估计超过10亿欧元。与法国一样，本就多雨的英国也难逃洪涝水的侵袭，2016年5月英国遭遇了数十年一遇的洪涝灾袭击，洪水漫延数百英里，数千户居民受到影响。刚入6月，暴雨卷土重来袭击了乌克兰等东欧国家，多雨的天气对于玉米、大豆、向日葵等春播作物的生长较为有利，但对于正在成熟的冬小麦来说，危害很大。降雨天气导致小麦的蛋白含量下降，并增加了小麦感染真菌类病害的风险。受降雨影响，2016年法国和德国的小麦产量下降130万t。

发达国家和地区在排水系统中对"内涝"（Waterlogging disaster or local flooding）给出了明确的定义，即在地势低洼处，由于强降水或连续性降水超过农田或城市排水能力致使农田或城市内产生积水灾害的现象。堤防、水库、分（滞）洪工程、河道整治工程，以及排水管网设施等工程措施，特别是高标准的城市排水管网系统的建设，在德国、英国、法国、日本等国家的城市防洪排涝体系中发挥着核心作用。同时，基于可持续性雨水管理策略的实施，美国等发达国家分别建立了适合于本地情况且完善的排水系统技术和标准体系。

欧美、日本等发达国家的城市治涝标准明显高于我国，其城市排涝标准的最低限即为5年一遇或10年一遇，相当于甚至超过我国城市排涝标准的上限。比如：美国纽约的排涝标准是"10～15年一遇"，日本东京的排涝标准是"5～10年一遇"，法国巴黎的排涝标准是"5年一遇"。下面以东京和纽约为例做简要说明。

东京用于排水的地下河深达60m。东京将强降雨的防御标准分为3个级别：在每小时降雨量达 60mm 的情况下避免严重积水；在每小时降雨量达 75mm 的情况下避免房屋或地下建筑进水受灾；在以往曾出现过的最大降雨的情况下，仍能保证人员生命安全。目前，东京采取的"最大"标准是 2000 年名古屋遭受"东海暴雨"袭击所创下的纪录，即 1h 降雨量 114mm，总降雨量 589mm。

纽约市的排水基本标准是 5 年一遇，个别重要地区是 10 年一遇。除了履行必要的法律规定外，还有一些特殊的应对城市内涝的管理方案。纽约市可动用媒体和市民的力量来参与到城市排涝中来，如 2012 年 4 月纽约市环保局向布鲁克林区、皇后区等地的市民免费发放了 1000 多个居民家用的雨水收集储存罐。它不仅可以减少雨水进入下水道，还可以成为居民浇花的利用水源。纽约环保局还专门有一个为期 10 年的投资战略，用 18 亿美元改造该市的下水道等排水设施，建设新的排水口，增大城市内部的排水效果。

我国城市的排水设计标准较低，无法适应城市的快速发展。有时城市排水、内涝防治和防洪体系并不衔接。相比较而言，大多数发达国家和地区城市排水标准较高，内涝和防洪标准基本一致，可保障在没有发生洪灾的条件下，城市不会发生内涝灾害。国内外排水管网设计标准和内涝设计标准比较详见表 6.2-1 和表 6.2-2。

表 6.2-1　　　　　　　　　　　国内外排水管网设计标准比较

国家/地区	设计暴雨重现期
中国大陆	一般地区 1~3 年一遇，重要地区 3~5 年一遇，特别重要地区 10 年一遇
中国香港	高度利用的农业用地 2~5 年一遇；农村排水，包括开拓地项目的内部排水系统 10 年一遇；城市排水支线系统 50 年一遇
美国	居住区 2~15 年一遇，一般取 10 年一遇。商业和高价值区域 10~100 年一遇
欧盟	农村地区 1 年一遇，居民区 2 年一遇，城市中心/工业区/商业区 5 年一遇，地下铁路/地下通道 10 年一遇
英国	30 年一遇
日本	3~10 年一遇
澳大利亚	高密度开发的办公、商业和工业区 20~50 年一遇；其他地区以及住宅区为 10 年一遇；较低密度的居民区和开放区域为 5 年一遇

表 6.2-2　　　　　　　　　　　国内外内涝设计标准比较

国家/地区	设计内涝重现期
中国大陆	20 年（内河防洪标准）一遇
中国香港	城市主干管 200 年一遇，郊区主排水渠 50 年一遇
美国	100 年一遇或大于 100 年一遇
欧盟	农村地区 10 年一遇、居民区 20 年一遇、城市中心/工业区/商业区 30 年一遇、地下铁路/地下通道 50 年一遇
英国	30~100 年一遇
澳大利亚	100 年一遇或大于 100 年一遇

国外自 20 世纪 70 年代开始不断强化对城市雨洪管理的研究与实践探索，这些国家意识到传统的雨水管理系统只是强调雨水的快速收集和在系统末端的集中排放处理，忽视了

雨水径流的源头控制等。传统设计理念的局限性往往导致雨水管道的过水能力不足，雨水管理系统投资过大。鉴于此，一批创新性的雨水管理理念逐渐兴起，美国在 1972 年提出的最佳管理措施（BMP），在 1990 年提出的低影响力开发（LID）理论，英国于 1999 年建立的可持续排水系统（SUDS），澳大利亚在 20 世纪 90 年代建立的水敏感性城市设计（WSUD），20 世纪 90 年代新西兰的低影响城市设计与开发（LIUDD）等。以德国和英国为例，德国政府严格确保在城市中预留大量绿地土壤，为城市交通和建筑占地面积设限，保证尽量多的雨水渗透到土壤中；大伦敦地区应对城市洪水威胁注重从源头入手，在各类硬件设施建设上加大力度，强化单个家庭和公共建筑物的雨水收集能力，降低整体城市管网的压力，到 2040 年伦敦市的雨水回收系统将减轻地下排水管网 25% 的压力。

在防治城市内涝方面，发达国家采取非工程措施与工程措施并重的手段。发达国家和地区多已建立完善的内涝防治体系，如美国于 1968 年成立国家洪涝灾害保险计划（NFIP）、我国香港地区于 1996 年开展雨水排放统筹整体计划、欧盟于 2000 年制定《水框架指令》、澳大利亚于 2000 年制定了雨水系统总体规划（Stormwater Master Plan）、日本于 2004 年颁布《特定河流洪涝灾害预防法案》和《暴雨灾害管理紧急行动计划》。其中，强化极端气象预告、预警能力，是城市内涝防治体系中的一项重要措施。2009 年，英国建立了首个洪涝预警系统，每 15min 更新一次洪涝预警信息，民众可以通过电子邮件订阅相关预警，实时了解各地区的洪涝情况。澳大利亚研制了整体系统概念洪涝灾害预警方法，制定洪水预警指南，提出了建立和维持洪水预测和预警及反应系统（FFWRS）的方法。

（2）我国城市治涝标准简介。

我国城市的排水设计标准很低，城区主干道基本是按"1 年一遇"（市政标准，下同）的雨量标准，有些地方还不到"1 年"。这是由最初的设计理念决定的，存在先天不足的问题。新中国建设初期，经济上一穷二白，"想尽办法省钱，越省越好，只求能满足当时的需求就行了"。我国当时建的是小排水管道，最早是按 0.5 年一遇的雨量标准设计的，设计规划时就允许产生积水。我国雨水管道设计的重现期明显低于欧美发达国家。根据早期的《室外排水设计规范》（GB 50014—2006），重现期一般为 0.5～3 年一遇，重要干道、重要地区或短期积水即能引起较严重后果的地区，一般选择 3～5 年一遇。在实施过程中，大部分城市采取的是标准规范的下限。从我国大部分城市的最低排水标准来看，基本上是 1 年一遇。以北京市为例，北京市大部分城区的排涝标准为 1 年一遇，部分城区为 3 年一遇，仅在特别重要的地区才能达到 5 年一遇（如天安门广场）。而所谓 1 年一遇，对于北京市而言，相当于每个小时可以排 36mm 的雨量。面对暴雨，这样的标准显然过低，一旦雨量超过这个标准，就会形成内涝。因此，当北京市 2012 年 7 月 21 日普降暴雨时（相当于 5 年一遇），市政排水管道不堪重负，造成严重涝灾。

随着城市化的发展，城市治涝标准不足的问题日益显现，有些地区已陆续出台了一些规定，旨在提高城市的治涝标准。按照水利行业标准，我国目前城市的排涝标准大都为 10～20 年一遇 24h 暴雨 24h 排除。以下就我国一些主要的易涝省份的城市治涝进行分析。

1）江苏省。江苏省政府要求到 2015 年，县城及县以上城市基本实现排涝设施全面达标，雨水管道设计的暴雨重现期一般区域达 1～3（市政标准）年一遇标准，重要干道、重要地区达 3～5（市政标准）年一遇标准，排涝泵站达 20 年一遇标准（水利标准，下同），河道排涝达 20 年一遇标准，城市排涝模数不低于 $4m^3/(s \cdot km^2)$。江苏省沿太湖的武澄锡虞区、阳澄淀泖区及浦南区的城市和工业圩区的现状排涝标准为 20 年一遇，规划排涝标准为 20～30 年一遇。太湖流域具有洪涝难分的特点，其治涝标准在某种意义上也相当于防洪标准。淮河流域和沿江地区城市的现状排涝标准约为 10～20 年一遇。

2）安徽省。淮北平原区河道排涝标准主要按满足排涝区主要排涝对象排涝要求确定，城镇段承担城镇排涝，规划排涝标准按 10～20 年一遇确定。沿江圩区根据圩口大小、重要性以及圩口内的设施不同，排涝标准并相同，重要城镇所在的排涝区排涝标准规划为 20 年一遇。

3）浙江省。浙江省地形复杂，根据城市所处的地理位置与遭受的洪涝灾害特点，可分为滨海城市、平原城市、沿江（河）城市和山丘区城市 4 种类型。浙江省城市的排水管渠设计重现期多为 0.5～1 年一遇（市政标准），部分重点区域为 2～3 年一遇（市政标准）。其中，浙江省的主要易涝区有杭嘉湖东部平原面积和温黄平原等。杭嘉湖东部平原面积 $6481km^2$，属太湖流域，含嘉兴、湖州所辖的县（市、区）以及杭州的余杭区。温黄平原位于椒江及灵江干流以南，乐清湾以北，东部和东南部濒临东海，总面积约 $2357.7km^2$，属台风暴潮频发地区。杭嘉湖区和温黄平原的城市规划排涝标准为 20 年一遇 24h 降雨不受灾。

4）湖北省。湖北省规划的城市治涝标准如下：重要城市市区达到 20 年一遇最大 1d 设计暴雨产水扣除调蓄水量后 1d 排完，局部核心区域可酌情适当提高标准；中等城市和一般城镇市区达到 10 年一遇最大 1d 设计暴雨产水扣除调蓄水量后 1d 排完；城区排涝也可参照执行城建部门的排水标准。

5）湖南省。湖南省洞庭湖区的城市现状排涝标准为 10 年一遇 24h 暴雨 24h 排干。

6）广东省。广东省对城市治涝规定如下：城建（市政）排涝设施采用《室外排水设计规范》（GB 50014—2006）；水利排涝设施参照《国务院办公厅转发〈水利部关于加强珠江流域近期防洪建设若干意见〉的通知》（粤府办〔2002〕95 号）执行。

广东省城市的现状排涝标准多为市政 1 年一遇（如深圳市宝安区）或水利 10 年一遇标准（如佛山市禅城区、梅州市等），规划排涝标准为市政 3 年一遇或水利 20 年一遇标准。近年来，随着城市化进程加快和产业结构调整，部分发达地区对排涝标准的要求越来越高，如珠三角 6 市（广州、深圳、珠海、佛山、中山、东莞）大部分已采用 20 年一遇暴雨 1d 排干不成灾及以上标准。

2. 乡村治涝情况

本小节仅简单介绍日本的乡村治涝情况。日本国土面积狭小，总面积仅约 37.7 万 km^2，其中 75% 为山地与丘陵，其余 25% 为台地、低地与平原，耕地资源稀缺，人均土地资源极为有限，这与中国人多地少的基本国情有相似之处。但是，日本却以较小的用地代价获得了较快的经济发展速度和较高的经济发展水平，这与日本完善的农田管理制度是密切相关的。日本在农田建设上采用较高的建设标准，并注重工程质量和长期效益，其中，灌溉保证率为 90% 以上，防洪按 30 年一遇标准，排涝按 10 年一遇标准，工程有效使用期为 30～50 年一遇。在农田水利建设上，进行科学的规划设计和田间工程整理，以利于灌溉、排水和小型农田机械化耕作。

相比较而言，我国农田的排涝标准明显低于日本，目前我国大部分地区农田的排涝标准为3～5年一遇，仅部分地区的高标准农田可以达到10年一遇。我国农田的排涝标准各地也有所不同，主要与各地区农田的地理位置、水文条件、地形地势、作物种植结构、地方经济水平及治理难易程度等有关。下面就我国主要易涝省份农田的治涝标准进行典型分析。

（1）江苏省。

江苏省的易涝区主要分布于淮河流域、沿长江地区及沿太湖地区。全省易涝区面积为30961km²，其中淮河流域易涝区面积为21700km²，沿江易涝区面积为4562km²，沿太湖易涝区面积为4700km²。现状达到3年一遇治理标准的面积为13994km²，占全省易涝区面积的45%，均集中在淮河流域；达到5年一遇治理标准的面积为10796km²，占全省易涝区面积的35%，主要分布在淮河流域和沿江地区；达到10年一遇治理标准的面积为1827km²，占全省易涝区面积的6%，主要集中在沿太湖地区；超过10年一遇治理标准的面积为3105km²，占全省易涝区面积的10%，主要分布在沿太湖地区。江苏省易涝区的现状治涝标准详见表6.2-3。由表可见，属淮河流域的易涝区排涝标准普遍较低，现状排涝标准绝大多数仅为3～5年一遇；沿长江涝区现状排涝标准多为5～10年一遇；沿太湖圩区的现状排涝标准最高，多为10年一遇及以上。

表6.2-3　　　　　　　　江苏省易涝区现状治涝标准统计表

涝区	易涝区面积/km²	治涝面积/km²				
		不足3年一遇	3年一遇	5年一遇	10年一遇	10年一遇以上
淮河流域	21699	1232	13994	6395	72	6
沿长江地区	4562	0	0	4261	301	0
沿太湖地区	4700	0	0	140	1454	3105
全省合计	30961	1232	13994	10796	1827	3112
占比/%	100	4	45	35	6	10

（2）安徽省。

安徽省的易涝区主要分布于淮北平原区和沿长江圩区。淮北平原北自废黄河，南到淮河岸边，地面自西北向东南倾斜，地形平坦但又具有大平小不平的特点。从地貌上可分为河间洼地、河口洼地、背河洼地和坡河洼地。区域内跨省河流（淮河支流）有洪河、颍河、茨淮新河、涡河、怀洪新河、新汴河、奎濉河及老濉河等，省境内的支流有谷河、润河、西淝河、芡河、北淝河、澥河、北沱河、唐河等。这些支流河道不仅下游受淮河洪水顶托，且本身排涝能力很低，排涝标准一般为3～5年一遇。

沿江圩区主要分布在长江两岸主要支流河口，经历史上圈圩筑堤以及1949年以来的联圩并圩，在河道治理的基础上大规模地加高加固堤防，并修建机电排灌站，从而形成沿江圩区现状排涝的基本格局。据统计，沿江圩区耕地面积913万亩，其中超过30万亩的圩口1处、39万亩，10万～30万亩的圩口8处、148万亩，1万～10万亩的圩口200处、526万亩，万亩以下圩口1713处、200万亩。

根据 2010 年统计资料，安徽省易涝耕地面积 3642 万亩，其中淮北平原区 2680 万亩，沿江圩区 814 万亩；易涝面积占全省耕地面积的 57％，尤以淮北平原区为重，其易涝面积占全省易涝面积的 74％。淮北平原和沿江圩区易涝面积分别占该类型区耕地面积的 85％和 89％。安徽省不同类型易涝区易涝面积统计见表 6.2－4。

表 6.2－4　　　　　　　　　　　　安徽省易涝面积统计表

区　域		易涝面积/万亩	占该区耕地面积/%	占全省易涝面积/%
合计		3642	57	100
地区	淮北平原	2680	85	74
	沿江圩区	814	89	22
	其他地区	148	6	4

根据 2010 年统计资料，安徽省累计治（除）涝面积为 3212 万亩，占易涝耕地面积的 88％。其中，治涝标准不足 3 年一遇的面积为 965 万亩，3～5 年一遇的治涝面积为 1214 万亩，5～10 年一遇治涝面积为 906 万亩，10 年一遇及以上标准的治涝面积 127 万亩，分别占累计治涝面积的 30％、38％、28％、4％。

按易涝区类型划分，淮北平原累计治（除）涝面积为 2412 万亩，占易涝耕地面积的 90.0％。其中，治涝标准不足 3 年一遇的面积为 965 万亩，3～5 年一遇的治涝面积为 1036 万亩，5～10 年一遇的治涝面积为 320 万亩，10 年一遇及以上标准的治涝面积 91 万亩，分别占累计治涝面积的 40％、43％、13％、4％。

沿江圩区累计治（除）涝面积为 800 万亩，占易涝耕地面积的 98％。其中，治涝标准 3～5 年一遇的治涝面积为 178 万亩，5～10 年一遇治涝面积为 586 万亩，10 年一遇及以上标准的治涝面积 36 万亩，分别占累计治涝面积的 38％、28％、4％，见表 6.2－5。

表 6.2－5　　　　　　　　　　　　安徽省现状治涝标准统计表

涝　区	治理面积	除涝面积/万亩			
		<3 年一遇	3～5 年一遇	5～10 年一遇	10 年一遇及以上
淮河流域	2412	965	1036	320	91
沿江圩区	800	—	178	586	36
全省合计	3212		1214	906	127
占比/%	88	30	38	28	4

（3）河南省。

河南省的易涝区绝大多数分布于淮河，黄河流域和海河流域也有零星分布，全省易涝区总面积 13693km²，其中淮河流域的易涝区面积 12496km²，占易涝区总面积的 91％。现状治理标准不足 3 年一遇的面积为 8959km²，占易涝区总面积的 65％；治理标准达到 3 年一遇的面积为 4732km²，占易涝区总面积的 35％，详见表 6.2－6。

（4）山东省。

山东省的易涝区绝大多数分布于海河流域和淮河流域，黄河流域和独流入海河流也有分布，全省易涝区总面积 48944km²。其中，海河流域的易涝区面积为 24422km²，淮河流

表 6.2-6　　　　　　　　　　河南省现状治涝标准统计表

涝　区	易涝区面积/km²	除涝面积/km²		
		不足 3 年一遇	3 年一遇	5 年一遇
淮河流域	12496	8200	4297	0
黄河流域	793	475	315	2
海河流域	404	284	120	0
全省合计	13693	8959	4732	0
占比/%	100	65	35	0

域的易涝区面积为 11117km²，分别占易涝区总面积的 50% 和 23%。现状治理标准不足 3 年一遇的面积为 6946km²，占易涝区总面积的 14%；治理标准达到 3 年一遇的面积为 22935km²，占易涝区总面积的 47%；治理标准达到 5 年一遇的面积为 18098km²，占易涝区总面积的 37%；治理标准达到 10 年一遇及以上和"64 雨型"的面积为 784km²，占易涝区总面积的 2%，详见表 6.2-7。

表 6.2-7　　　　　　　　　　山东省现状治涝标准统计表

涝　区	易涝区面积/km²	除涝面积/km²				
		不足 3 年一遇	3 年一遇	5 年一遇	10 年一遇及以上	64 雨型
黄河流域	3800	228	1636	1484	427	0
淮河流域	11117	2392	7661	1064	0	0
海河流域	24422	377	10448	13408	0	55
独流入河	9605	3950	3190	2141	302	0
全省合计	48944	6946	22935	18098	729	55
占比/%	100	14	47	37	2	0

（5）浙江省。

浙江省的易涝区主要分布于太湖流域的杭嘉湖平原、萧绍平原、温黄平原及河谷地区等。杭嘉湖东部平原面积 6481km²，其中易涝区面积 1043km²，占平原区总面积的 16%；温黄平原总面积约 2357.7km²，其中易涝区面积 919km²，占平原区总面积的 39%。杭嘉湖平原现状排涝标准为 5 年一遇，温黄平原现状排涝标准为 2～5 年一遇，浦阳江河谷平原现状排涝标准绝大多数为 5 年一遇及以上，详见表 6.2-8。

表 6.2-8　　　　　　　　　浙江省典型涝区现状治涝标准统计表

涝　区	易涝区面积/km²	除涝面积/km²			
		2～5 年一遇	5 年一遇	7 年一遇	10 年一遇
杭嘉湖平原	1043.34	0.00	1043.34	0.00	0.00
浦阳江河谷平原	569.16	0.00	330.66	216.00	22.50
温黄平原	919.00	919.00	0.00	0.00	0.00
合计	2531.50	919.00	1374.00	216.00	22.50
占比/%	100.00	36.30	54.28	8.53	0.89

浙江省政府规定："排涝标准的设计暴雨重现期为 10 年，农村集镇和村（包括旱作区）的设计暴雨历时和排除时间为 1d（或 24h）暴雨从路面积水（作物受淹）起 1d 排至路面（旱作田面）无积水，水田的设计暴雨历时和排除时间为 1d（或 24h）暴雨 1d 排至农作物耐淹水深。"

杭嘉湖圩区和温黄平原等平原易涝区的规划排涝标准按上述规定执行。河谷盆地易涝区规划排涝标准为 10 年一遇 1d 设计暴雨，1～2d 排出（根据保护对象的重要性、经济条件等确定具体的排出时间）。

（6）四川省。

四川省的易涝区面积为 2617km²，其中山丘区易涝面积 2001km²，占易涝区总面积的 76%，平原区易涝面积 616km²，占易涝区总面积的 24%。现状治理标准 2 年一遇及以下的面积为 1612km²，占易涝区总面积的 62%；治理标准达到 2～5 年一遇的面积为 779km²，占易涝区总面积的 30%；治理标准达到 5 年一遇及以上的面积为 226km²，占易涝区总面积的 9%，详见表 6.2-9。

表 6.2-9　　　　　　　　　　四川省现状治涝标准统计表

涝区	易涝区面积 /km²	除涝面积/km²					
		不足 2 年一遇	2 年一遇	2～5 年一遇	5 年一遇	10 年一遇	＞10 年一遇
山丘区	2001	332	1194	329	111	35	0
平原	616	30	56	450	65	0	16
合计	2617	362	1250	779	175	35	16
占比/%	100	14	48	30	7	1	1

（7）湖北省。

湖北省的易涝区主要分布于江汉平原、荆南区及荆北区等。易涝区面积为 1881 万亩。现状排涝标准多为 5～10 年一遇最大 3d 降雨 5d 排至作物耐淹水深，或是 5～10 年一遇最大 1d 降雨 3d 排至作物耐淹水深。现状 5～10 年一遇的治理面积为 1251 万亩，占易涝区面积的 66%；10 年一遇以上的治理面积为 410 万亩，占易涝区面积的 22%。规划排涝标准多为 10 年一遇最大 3d 降雨 5d 排至作物耐淹水深，或是 10 年一遇最大 1d 降雨 3d 排至作物耐淹水深，详见表 6.2-10。

根据湖北省平原区的具体情况，规划水平年具体的排涝标准规定如下。

1）以种植蔬菜、棉花、花卉或水产养殖业为主的农田达到 10 年一遇最大 1d 暴雨产水扣除调蓄水量后 2d 排完。

2）以种植水稻为主的农田。单级提排或面积较小且缺乏集中调蓄区的排区达到 10 年一遇 1d 暴雨 3d 排至作物耐淹水深标准；两级或多级提排区达到 10 年一遇 3d 暴雨 5d 排至作物耐淹水深；外滩民垸或较小民垸，影响有限，除涝标准可降低到 5 年一遇 1d 暴雨 3d 或 3d 暴雨 5d 排至作物耐淹水深。

3）排湖为主的排区，排涝按 10 年一遇 30d 暴雨进行蓄泄演算。

4）重要湖泊达到 20～50 年一遇防洪标准，一般湖泊达到 10 年一遇防洪标准。

表6.2-10　　　　　　　　　　　　　　湖北省易涝区及治理情况统计表

涝区	易涝区耕地面积/万亩	除涝面积/万亩			
		不足3年一遇	3~5年一遇	5~10年一遇	10年一遇及以上
荆北区	560.54	6.47	125.49	316.19	112.39
荆南区	212.59	0.00	14.50	193.71	4.38
汉北区	334.05	4.50	43.32	176.95	109.28
汉南区	252.17	0.00	6.64	178.60	66.93
江北区	161.53	0.00	2.97	93.81	64.75
江南区	263.00	1.42	14.86	205.44	41.29
黄广华阳区	97.53	0.00	0.00	86.13	11.40
全省合计	1881.41	12.4	207.8	1250.8	410.4
占比/%	100.00	0.7	11.0	66.5	21.8

（8）湖南省。

湖南省的易涝区主要沿湘、资、沅、澧、藕池河、华容河等长江流域水系分布，洞庭湖、黄盖湖等湖区也多有分布。全省易涝区面积11550km²，主要分布在洞庭湖区，占比为77%。现状不足5年一遇的面积为1100km²，占全省易涝区面积的10%，均分布在洞庭湖区；达到5年一遇治理标准的面积为5550km²，占全省易涝区面积的48%；5~10年一遇治理标准的面积为2600km²，占全省易涝区面积的22%；10年一遇治理标准的面积为2300km²，占全省易涝区面积的20%。湖南省易涝区的现状治涝标准详见表6.2-11。

表6.2-11　　　　　　　　　　　　湖南省易涝区现状治涝标准统计表

涝区	易涝区面积/km²	除涝面积/km²			
		不足5年一遇	5年一遇	5~10年一遇	10年一遇及以上
长江流域	2662	0	1509	763	390
洞庭湖等湖区	8888	1100	4041	1837	1910
全省合计	11550	1100	5550	2600	2300
占比/%	100	10	48	22	20

湖南省洞庭湖区排涝系统与排涝标准情况如下。

1）农田排涝系统。针对单独的区域排除涝水，由排水渠、排水涵闸、抽排泵站组成，采用的排涝标准为10年一遇3d暴雨3d末排至作物耐淹水深，水稻作物耐淹水深50mm，内湖湖泊率要求达10%以上，内湖蓄水深在1.0m以上。

2）大型内湖调蓄的复杂排涝系统。这类系统由丘陵山水汇入，也有二级泵站抽水排入，出口尚有大型排水闸，是一个集产、汇流，调洪、挤排、抽排于一体的排涝系统。排涝标准采用10年一遇15d暴雨15d末排至内湖控制水位。

3）城郊菜地排涝系统。城郊菜地主要是旱土经济作物，排涝标准采用10年一遇1d暴雨1d内排干。

4）撇洪河。撇洪河是实行"高水高排、低水低排、等高截留"的关键工程，实际上是河道改道工程，涉及撇洪闸与撇洪河的设计流量计算，目前采用的标准为 10 年一遇24h 暴雨洪水。

（9）广东省。

到 2010 年年底，广东省共建有各类排灌站 3.26 万处，总装机 152.6 万 kW，除涝面积 771.7 万亩，占易涝耕地面积的 87.5%；其中 10 年一遇以上除涝耕地面积 528.5 万亩，为已治理面积的 68.5%。广东省现状大多数涝区的排涝标准在 10 年一遇及以上。广东省易涝区现状情况统计见表 6.2-12。

表 6.2-12　　　　　　　　　2010 年广东省易涝区情况统计表

城市	易涝耕地面积	除 涝 面 积			
		合计	3~5 年一遇	5~10 年一遇	10 年一遇及以上
	万亩	万亩	万亩	万亩	万亩
合计	881.75	771.74	92.88	150.33	528.53
广州市	82.49	80.78	5.16	7.82	67.80
韶关市	17.25	12.48	4.25	7.46	0.78
深圳市	5.12	6.41	2.55	1.95	1.91
珠海市	29.45	24.15	1.50	22.65	0.00
汕头市	55.76	55.32	5.58	6.60	43.14
佛山市	102.57	98.85	0.00	16.68	82.17
江门市	78.83	70.37	21.02	11.12	38.24
湛江市	47.96	47.36	8.36	17.64	21.36
茂名市	28.62	23.16	11.28	11.39	0.50
肇庆市	69.27	67.52	2.28	10.25	54.99
惠州市	58.62	50.42	11.61	13.52	25.29
梅州市	21.23	15.41	3.23	2.30	9.89
汕尾市	44.33	32.12	5.54	2.79	23.79
河源市	7.65	1.26	0.23	0.78	0.26
阳江市	28.22	12.78	0.30	2.81	9.68
清远市	59.12	39.12	7.67	3.12	28.34
东莞市	23.00	21.56	0.00	0.00	21.56
中山市	45.74	46.10	0.36	0.00	45.74
潮州市	22.94	21.78	0.20	3.68	17.91
揭阳市	43.80	39.93	1.35	6.72	31.86
云浮市	9.84	4.91	0.45	1.10	3.36

注　表中 10 年一遇含 1d 排干至 4d 及以上排干天数。

广东省对于农村涝区的治涝标准规定如下：农业排涝设施参照《农田排水工程技术规范》（SL/T 4—1999）；水利排涝设施参照《广东省防洪（潮）标准和治涝标准（试行）》（粤水电总字〔1995〕4 号）执行。目前，部分粤东、粤西农村地区排涝已超过了省现行标准（粤水电总字〔1995〕4 号）。

（10）黑龙江省。

黑龙江省的易涝区主要分布在三江平原，全省涝区面积为 4465 千 hm²，其中现状不足 3 年一遇治理标准的面积为 1130 千 hm²，占易涝区总面积的 25%；3～5 年一遇治理标准的面积为 2400 千 hm²，占易涝区总面积的 54%，全省 80% 的易涝区治理标准在 5 年一遇（含）以下；5～10 年一遇治理标准的面积为 870 千 hm²，占易涝区总面积的 20%，大于 10 年一遇治理标准的面积为 65 千 hm²，仅占易涝区总面积的 1%，见表 6.2-13。

表 6.2-13　　　　　　　　黑龙江省易涝区现状治涝标准统计表

涝　区	易涝区面积/千 hm²	除涝面积/km²			
		不足 3 年一遇	3～5 年一遇	5～10 年一遇	大于 10 年一遇
全省合计	4465	1130	2400	870	65
占比/%	100	25	54	20	1

（11）其他省份。

吉林省易涝区面积为 15986km²，现状治理标准为 3～5 年一遇的治理面积为 5233km²，占易涝区总面积的 33%；治理标准达到 5 年一遇的面积为 8952km²，占易涝区总面积的 56%，详见表 6.2-14。

表 6.2-14　　　　　　　　吉林省易涝区现状治涝标准统计表

涝　区	易涝区面积/km²	除涝面积/km²			
		不足 3 年一遇	3～5 年一遇	5 年一遇	5～10 年一遇
全省合计	15986	1646	5233	8952	155
占比/%	100.00	10	33	56	1

辽宁省易涝区面积为 10126km²，现状治理标准 5 年一遇及以下的治理面积为 3277km²，占易涝区总面积的 33%；治理标准达到 10 年一遇的面积为 6849km²，占易涝区总面积的 68%，详见表 6.2-15。

表 6.2-15　　　　　　　　辽宁省易涝区现状治涝标准统计表

涝　区	易涝区面积/km²	除涝面积/km²		
		不足 5 年一遇	5 年一遇	10 年一遇
全省合计	10126	886	2391	6849
占比/%	100.00	9	24	68

（12）流域治涝现状分析。

根据上述各省的治涝标准现状，对有关流域的治涝标准现状情况进行汇总，但由于省份资料不全，对黄河流域、海河流域和珠江流域无法进行统计，长江流域和太湖流域仅可进行不完全统计。淮河流域、长江流域（不完全统计）、太湖流域（不完全统计）和东北三省的治涝现状情况分别见表 6.2-16～表 6.2-19。

由表中可见，淮河流域的排涝标准最低，主要的排涝标准为 3 年一遇及以下，约占易涝区面积的 76％；长江流域主要的排涝标准为 5 年一遇及 5～10 年一遇，占易涝区面积的 72％；太湖流域的排涝标准较高，10 年一遇及以上的治理面积约占易涝区的 80％；东北三省的排涝标准也较低，3 年一遇及以下的治理面积占易涝区面积的 40％，5 年一遇占 37％。由此可见，我国目前易涝区的治理标准普遍不高。

表 6.2 - 16　　　　　　　　淮河流域易涝区现状治涝标准统计表

易涝区面积 /km²	治涝面积/km²				
	不足 3 年一遇	3 年一遇	5 年一遇	10 年一遇	10 年一遇以上
63179	18257	29405	11979	1139	613
占比/％	29	47	19	2	1

表 6.2 - 17　　　　　　　　长江流域易涝区现状治涝标准统计表

易涝区面积 /km²	治涝面积/km²				
	不足 5 年一遇	5 年一遇	5～10 年一遇	10 年一遇	10 年一遇以上
36699	4470	11662	14845	3536	2092
占比/％	12	32	40	10	6

注　表中数据为不完全统计，据《中国水旱灾害》，长江流域的易涝区面积为 5.4 万 km²。

表 6.2 - 18　　　　　　　　太湖流域易涝区现状治涝标准统计表

易涝区面积 /km²	治涝面积/km²		
	5 年一遇	10 年一遇	10 年一遇以上
5742	1183	1454	3105
占比/％	21	25	54

注　表中数据为不完全统计，据《中国水旱灾害》，太湖流域的易涝区面积为 6600km²。

表 6.2 - 19　　　　　　　　东北三省易涝区现状治涝标准统计表

易涝区面积 /km²	治涝面积/km²				
	不足 3 年一遇	3 年一遇	5 年一遇	5～10 年一遇	10 年一遇及以上
70762	12946	15503	25960	8855	7499
占比/％	18	22	37	13	11

6.2.2　治涝标准表述方式研究

目前各地对于治涝标准的表述方式不尽相同，这与各地区的自然条件有关。多数情况下，治涝标准主要由降雨程度（重现期）、降雨历时和排除时间决定，但也有些涝区的排涝标准与蓄涝容积直接相关，或是与排水方式（自排、抽排）、作物种植结构等相关。治涝标准的表述对象根据情况各地区也有所区别，既有采用降雨表述的、也有采用涝水流量表述的。以涝水流量表述的情况，常采用"重现期 n 年一遇＋涝水流量"表示，涝区内的排涝河道的治理标准多采用此种表达方式，如河道排涝标准为 10 年一遇涝水流量等。涝水流量表示治涝标准，此种情况简单明了，容易理解，不再对其进行研究，以下主要对以降雨表达的情况进行深入研究。

对不同涝区的治涝标准进行分析并归类如下。

1. 农田排涝

（1）"重现期+降雨历时+排除时间"。

治涝标准由降雨程度、降雨历时和排除时间表示，这种表述方式是最为常见的表达方法，前两者反映降雨因素，第三者反映排水因素，可用"重现期+降雨历时+排除时间"表达。如湖北省沮漳河下游涝区农田的排涝标准为"10年一遇最大1d降雨3d排除"。

（2）"重现期+降雨历时+排除时间+排除程度"。

这种表示方式与第1种情况基本相同，只是增加了排除程度，如10年一遇最大1d降雨3d排至作物耐淹深度。对于农田排涝的"排除程度"，有"排至地面以下""排至作物耐淹水深""排至某一高程或水位以下"等各种提法。

（3）"重现期+降雨历时+排除时间+排除程度+蓄涝率"。

这种表达方式与降雨因素、排水因素和调蓄能力有关。对于滨湖地区的涝区，排涝标准除了与降雨因素、排水因素有关外，还与湖泊率有关，即与涝区的调蓄能力有关，采用"重现期+降雨历时+排除时间+排除程度+蓄涝率"的表述方式。例如，以湖南省为例，农田的排涝标准为10年一遇3d暴雨3d末排至作物耐淹水深，内湖湖泊率要求达10%以上，内湖蓄水深1.0m以上。对于大型内湖调蓄的复杂排涝系统，排涝标准则采用10年一遇15d暴雨15d末排至内湖控制水位等。

（4）"重现期+降雨历时+排除时间+排除程度+排水方式"。

这种表述方式与降雨因素、排水因素和排水方式有关。有些涝区的治涝标准除与降雨因素和排水因素有关外，还与排水方式有关，对于自排和抽排，规定有不同的标准。自排的标准略高，抽排的标准相对较低，可用"重现期+降雨历时+排除时间+排除程度+排水方式"的表述方式。例如，以安徽省八里河洼地班草湖排涝区的排涝标准为：自排5年一遇最大24h降雨24h排除，抽排5年一遇最大24h降雨2d排除。

（5）与作物种植结构有关。

这种表达方式与降雨因素、排水因素和作物种植结构有关。大部分涝区对于不同的作物种植结构，规定了不同的治涝标准。水稻和旱作的排涝标准明显不同，经济作物与粮食作物的排涝标准也不相同。例如，以安徽省安庆片的抽排标准：水田为10年一遇最大3d降雨3d排除，蔬菜为10年一遇最大24h降雨24h排除。

（6）推荐表达方式。

治涝标准的表达应尽量简单、明确，不宜过于复杂。综合分析有关涝区治涝标准的表述方式，其共性表述可归纳为"重现期+降雨历时+排除时间+排除程度"。个别的涝区对于湖泊率及排水方式有一定的规定。为了突出共性特点，并兼顾涝区调蓄及排水方式方面的因素，推荐将治涝标准按"暴雨重现期+降雨历时+排除时间+排除程度"进行表述，湖泊率、排水方式等并不纳入标准本身，而是将其作为确定涝区治涝标准的考虑因素。"排除程度"针对不同的防护对象含义也有所不同。对于旱作而言，是指将涝水排至地面以下；对水田而言，是指水稻的耐淹水深。有些地区采用"排至地面以下"时，是按区域90%~95%的地面高程以下控制，这也是一种比较合理的处理方式，因为如果完全排除至所有地面高程以下并不经济。对于乡镇防护区多是指地面以下或95％居住区的地面高程以下。

2. 城市排涝

对城市而言，当表述对象为降雨时，多可归并为"暴雨重现期＋降雨历时＋排除时间＋排除程度"的表达方式。其中对于"排除程度"的理解，各地的表述并不相同，有"将涝水排干""不成灾""不漫溢""排除""不积水""不淹主要建筑物"等多种表达，如20年一遇最大24h降雨24h排干等（或排除、不漫溢等）。总体而言，城市的治涝标准表述方式可采用"暴雨重现期＋降雨历时＋排除时间＋排除程度"的表达方式。"排除程度"针对各个城市的具体情况可以有不同的规定，如有的城市规定涝水排至内河控制水位以下，根据《城市用地竖向规划规范》（CJJ 83—99），城市排涝应满足城市用地竖向控制要求。

综上所述，农田和城市的治涝标准的表达方式是相同的，均可用"暴雨重现期＋降雨历时＋排除时间＋排除程度"进行表示。

6.3 治涝标准指标体系研究

6.3.1 农田治涝标准指标

1. 影响指标

（1）自然地理条件。

自然地理条件主要包括涝区所处位置、水文气象、地形地势等，自然条件是决定有无涝灾及涝灾严重程度的最为重要因素。山区由于坡度陡，排水条件好，基本上不会发生涝灾，近年来某些山区发生涝灾多是由于修建堤防后，阻断了涝水流路，造成排水不畅引起的。河谷、平原、低洼、滨湖及滨海区，地势平缓，排水流路不畅，排水条件不好，加之受外江（河）及潮水位等的顶托，自排受限，只能自排与抽排相结合，这更增加了排涝的难度。

涝区所处的地理位置对于治涝标准有着重要的影响，如淮河流域易涝区的治理标准明显较低，超过大半数的易涝区现状排涝标准为3年一遇标准及以下，占76％，规划治涝标准多为5年一遇。部分涝区由于受排水条件的限制，现状排涝标准尚不足3年，规划治涝标准为3年一遇，详见表6.2-16。与淮河流域相比，长江流域的治理面积略高，5年一遇治理标准及以上的面积可占88％，其中10年一遇标准及以上的约占16％，详见表6.2-17。

涝区的自然条件不仅直接影响到易涝区的现状治理标准，甚至可能影响其规划治理情况或制约易涝区提高标准。以淮河流域为例，受其自然条件的限制，淮河流域的易涝区难以大幅度提高治理标准，因一旦标准提高，将会产生由于河道等扩挖带来的移民、占地、投资，甚至是防洪等方面的一系列问题。

（2）作物产量（值）。

作物的产量也是影响治涝标准的因素之一。直观而言，作物产量高，其经济效益相应也较好，受涝灾时的损失也较大，因此治涝标准也应该较高；反之，作物产量低，治涝标准也应较低。以湖北省为例，荆北区的耕地面积为 560 万亩，粮棉油合计产量 365 万 t，综合单产 651kg/亩。荆南区的耕地面积为 212 万亩，粮棉油合计产量 98 万 t，综合单产 462kg/亩。荆北区的治涝标准多为 10 年一遇最大 1d 降雨 3（2）d 排除，荆南区的治涝标准多为 10 年一遇最大 3d 降雨 5d 排除，荆北区的治涝标准高于荆南区。以湖北省荆北区沮漳河下游区各分片为例分析产值与排涝标准的关系，见表 6.3 - 1 及图 6.3 - 1。

表 6.3 - 1　　　　　　　　　　　荆北区沮漳河下游区产值及排涝模数表

分片	耕地面积/万亩	产值/万元	亩均产值/(元/亩)	排涝模数/[m³/(s·km²)]
沮西片	10.31	56751	5504	0.440
漳东片	8.90	24654	2770	0.292
草埠湖片	5.80	11178	1927	0.245
菱角湖片	3.60	4500	1250	0.163
谢古垸	0.51	1060	2078	0.455
龙洲垸	1.62	4750	2932	0.260
百里洲片	12.43	53159	4277	0.368
七星台片	7.46	23653	3171	0.573
太平湖片	3.71	18022	4858	0.253
陶家湖片	6.07	29447	4851	0.370
三长片	2.26	13841	6124	0.452
云盘湖片	4.08	23218	5691	0.478

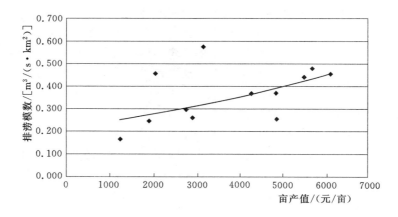

图 6.3 - 1　荆北区沮漳河下游区产值与排涝模数关系

由图 6.3 - 1 及表 6.3 - 1 可以看出，产值与排涝模数呈现正比例关系，亩产值越高，排涝模数也越高。因此，针对农区而言，如果亩产值越高，排涝标准应该越高。

江苏省里下河地区，泰州市的易涝区亩产量为 489～1100kg/亩，现状排涝标准为 5～10 年一遇，规划治涝标准为 10～20 年一遇；扬州市的易涝区亩产量为 410～1100kg/亩，现状排涝标准为 5～10 年一遇，规划治涝标准为 20 年一遇；南通市的易涝区亩产量为

$260\sim633\mathrm{kg}/$亩，现状排涝标准为不足 5 年一遇，规划治涝标准为 10～20 年一遇。由此可见，产量越高，则治涝标准也越高。

因此，作物产量（值）也是确定治涝标准时需要综合考虑的因素之一。

（3）调蓄容量。

一个涝区的湖泊、湿地、河道等对涝水有着较大的调节作用。如果涝区的湖泊率高，则涝区的水域容积大，调蓄能力则强，遇涝水时相对不易成灾，因此治涝标准可略低；反之，如果涝区的湖泊率低，则涝区的水域容积就小，调蓄能力则弱，遇涝水时较易成灾，因此治涝标准应略高。以下对湖北省各涝区的水域面积、排涝模数、耕地面积等进行了分析，见表 6.3-2 及图 6.3-2、图 6.3-3。

表 6.3-2　　　　　湖北省易涝区水域面积与耕地及排涝模数统计表

涝区名称	水域面积/km²	排涝模/[m³/(s·km²)]	耕地/万亩	水域/耕地
荆北区	1574.52	0.145	560.54	2.81
荆南区	509.47	0.263	212.59	2.40
汉北区	697	0.242	403.94	1.72
汉南区	466.86	0.267	257.74	1.81
江北区	251.91	0.3	165.55	1.52
江南区	1253.54	0.124	284.52	4.40
黄广华阳区	143.25	0.233	103.77	1.38

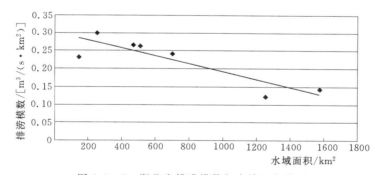

图 6.3-2　湖北省排涝模数与水域面积关系

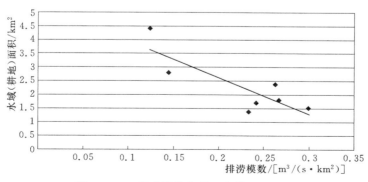

图 6.3-3　排涝模数与耕地水域面积关系

由图 6.3-2 和图 6.3-3 可以看出，排涝模数与水域面积有明显的趋势关系。即当水域面积越大，则排涝模数越小；反之，当水域面积越小，则排涝模数越大。如果分析排涝模数与亩均耕地面积所拥有的水域面积之间的关系，也呈现出相同的规律，即单位耕地所拥有的水域面积越大，则排涝模数越小；反之，当单位耕地所拥有的水域面积越小，则排涝模数越大。

（4）淹没损失大小。

定性而言，涝灾的淹没范围越大、淹没时间越长，则淹没损失也越大，为了减轻涝灾损失，相应的治涝标准也应当越高；反之，当涝灾的淹没范围较小、淹没时间较短，则淹没损失也较小，相应的治涝标准也应当较低。分析里下河流域不同地区的因涝平均粮食损失和治涝标准，见表 6.3-3，可以看出，涝灾损失和治涝标准有一定的对应关系，同在里下河流域，淮安县的平均因涝粮食损失较小，治涝标准也较低，为 5 年一遇；扬州市和泰州市的平均因涝粮食损失较大，治涝标准也较高，为 10 年一遇。

表 6.3-3　　　　　　　　　　里下河流域不同地区涝灾损失和治涝标准

里下河	淮安	扬州	泰州
粮食损失/万 kg	5356	20146	11065
治涝标准	5	10	10

（5）工程投资。

治涝的投入与效益是影响易涝区治理标准的一个重要因素，当投入能够产生较好的社会效益和经济效益时，该投入对应的治理标准才是合理的；如果收到的社会效益和经济效益尚不足以抵消投入的人力、物力和财力，则即使标准再高，也并不可取。因此，科学合理的治理标准的上限应该是投入与效益能够达到某种程度的平衡。以下以黑龙江省的典型涝区为案例，分析研究投入与效益对治涝标准的影响。

五九七农场位于完达山麓宝清县境内，行政区隶属黑龙江省农垦总局红兴隆分局，五九七农场七星河流域涝区位于内七星河南岸、三环泡滞洪区上游，本区总控制面积 48.64万亩，其中，金沙河涝区控制面积 15.62 万亩，大孤山涝区控制面积 33.02 万亩。建三江大兴农场涝区位于三江平原挠力河左岸，外七星河下游右岸，隶属黑龙江省国营农垦总局建三江管局大兴农场。涝区北靠外七星河，东南部边界为挠力河，西部与富锦市接壤，控制面积 81.15 万亩。表 6.3-4 给出了两个典型涝区由现状提高到不同治理标准时的投资情况，由表中可以看出，治理标准由现状提高到 5 年一遇时的投入最少，提高到 10 年一遇时的投入次之，提高到 20 年一遇时治理投入最大，即治理标准越高投入越大。

易涝区的治理标准和效益也有一定的对应关系。表 6.3-5 给出了两个涝区治理标准与效益的情况，由表中可以看出，由无工程状态提高到 3 年一遇时的治涝效益最高，但这并不意味着 3 年一遇的治涝标准最合理，而是由于不治理状态下的涝灾损失较大造成的。当治理标准由 3 年一遇提高到 5 年一遇时，亩均效益指标为 20～32 元/亩，效益较为明显；当治理标准由 5 年一遇提高到 10 年一遇时，亩均效益指标为 14～22 元/亩，效益尚可接受；而当治理标准由 10 年一遇提高到 20 年一遇时，亩均效益指标仅为 4～10 元/亩，效益并不显著。由此可见，该两个典型涝区按 10 年一遇治理是比较经济合理的，提高到

20 年一遇时投入较大，而效益并不明显。

表 6.3-4   **典型涝区治涝工程量及投资汇总表**

涝区名称	作物种类	治涝标准	工程投资/万元	占地投资/万元	总投资/万元	效益面积/万亩	亩投资/(元/亩)
五九七农场	旱田	无工程提到 33.3%	8734	15126	23860	88.15	99
		现状提到 20%	8214	10762	18975	88.34	93
		现状提到 10%	9625	11245	20870	88.32	109
		现状提到 5%	11530	12767	24297	88.25	131
大兴涝区	水田	无工程提到 33.3%	5363	6859	12239	67.79	79.12
		现状提到 20%	5118	5474	10600	67.86	75.42
		现状提到 10%	6712	5780	12492	67.83	98.9
		现状提到 5%	8365	6515	14880	67.80	123.4

注   现状标准不足 3 年一遇。

表 6.3-5   **典型涝区治涝效益表**

项目 \ 治理标准	涝区名称	工程前	3 年一遇	5 年一遇	10 年一遇	20 年一遇
年平均减产率/%	五九七农场	20.2	5.9	3.4	1.6	1.1
	大兴涝区	22.4	7.1	3.9	1.7	1.3
减少涝灾减产率/%	五九七农场	14.3	2.4	1.9		0.5
	大兴涝区	15.3	3.2	2.2		0.4
治涝效益/万元	五九七农场	9899.5	1727.4	1242.4		344.1
	大兴涝区	18415.3	3840.8	2640.4		1199.9
亩均治涝效益/(元/亩)	五九七农场	111.8	19.6	14.1		3.9
	大兴涝区	150.9	31.6	21.7		9.9

2. 判别指标

(1) 耕地面积。

当乡村的耕地面积较大时，发生涝灾后淹没的耕地面积和经济损失相对也较大，因此当耕地面积较大时，治涝标准也应较高。在长期的治理涝水过程中，劳动人民总结出了一些实用的经验，对于耕地规模较大的涝区，其治涝标准也较高；反之耕地规模较小的涝区，其治涝标准也较低。

以湖北省为例。荆北区的耕地面积为 560 万亩，1983 年的涝灾中受灾面积 359 万亩，成灾面积 263 万亩，减产粮食 2.5 亿 kg、棉花 550 万 kg、油料 1413 万 kg。荆南区的耕地面积为 212 万亩，1983 年的涝灾中受灾面积 82 万亩，成灾面积 59 万亩，减产粮食 0.5 亿 kg、棉花 40 万 kg、油料 1384 万 kg。荆北区的治涝标准多为 10 年一遇最大 1d 降雨 3(2)d 排除，如百里洲的排涝面积为 189km²，设计面雨量为 166mm，产水量为 2189 万 m³，调蓄水量 377 万 m³，排水量 1812 万 m³（折合水深 96mm），排涝模数 0.37m³/(s·km²)；

荆南区的治涝标准多为 10 年一遇最大 3d 降雨 5d 排除，如八宝垸的排涝面积为 160km²，设计面雨量为 196mm，产水量为 2195 万 m³，调蓄水量 377 万 m³，排水量 1951 万 m³（折合水深 122mm），排涝模数 0.286m³/(s·km²)。百里洲的排涝模数比八宝垸大 0.084m³/(s·km²)，排涝流量大 16m³/s。由此可见，荆北区的治涝标准大于荆南区的标准。分析其他省份有关涝区的治涝标准，也有类似的情况，这进一步佐证了耕地的规模对于确定治涝标准着有一定的影响，且是确定治涝标准的一个主要定量指标和因素。

对于南北方而言，涝区的耕地规模有着明显的区别，北方的耕地集中连片，规模较大，如黑龙江省三江平原有的涝区耕地面积可达几十万亩。而南方地区，圩区可为小于 1 万亩、1 万~5 万亩、5 万~10 万亩、大于 10 万亩等，大于 10 万亩的圩区数量很少。例如，安徽省沿江圩区耕地面积 913 万亩，其中超过 30 万亩的圩口 1 处，10 万~30 万亩的圩口 8 处，1 万~10 万亩的圩口 200 处，万亩以下圩口 1713 处。因此对于南北方，确定治涝标准时依据的耕地规模应有所区别。

（2）作物种植结构。

作物的种植结构与治涝标准有直接关系，这主要是由于不同作物的耐淹水深不同，如水田与旱作的耐淹水深有较大差别，对于水田而言，治涝标准可略低；而旱作则不同，对淹没的承受能力较差，治涝标准应略高。由于各地区的自然条件差异较大，而影响因素又较多，如气候、土壤、生育阶段、农业技术措施等，加之不同作物的生长机理各不相同，因此农作物耐淹深度有一定的差别。关于各种作物的耐淹深度，由于不同作物在各个生长期的根系深浅不同，对耐淹的要求也不一样，即使是同一作物，不同品种的耐淹要求也不一致。表 6.3 - 6 列出了一些地区作物耐淹深度调查和试验资料。

许多涝区粮食作物与经济作物的治涝标准也不相同，这主要反映了经济因素的影响。一般而言，经济作物的效益较高，一旦受淹，经济损失较大，因此治涝标准也略高；粮食作物的效益低于经济作物，治涝标准也略低。以安徽省沿江圩区为例。水田的排涝标准多为 10 年一遇最大 3d 降雨 3d 排除，排涝模数为 0.4~0.6m³/(s·km²)，蔬菜的排涝标准多为 10 年一遇最大 24h 降雨 24h 排除，排涝模数为 1.0~1.2m³/(s·km²)，可见蔬菜的治涝标准明显高于水田，排涝模数可达到水田的 2 倍或以上，这与水田的蓄涝耐淹能力相对较强有关。

由此可见，作物的种植结构也是确定涝区治涝标准的一个重要因素。治涝标准可按水田、旱作，粮食作物、经济作物等进行区别对待。

表 6.3 - 6　　　　作 物 耐 淹 水 深 表

作物	生育阶段	耐淹深度/cm	耐淹历时/d
水稻	返青	3~5	1~2
	分蘖	6~10	2~3
	拔节	15~25	4~6
	孕穗	20~25	4~6
	成熟	30~35	4~6
小麦	拔节~成熟	5~10	1~2

续表

作物	生育阶段	耐淹深度/cm	耐淹历时/d
棉花	开花、结铃	5～10	1～2
玉米	抽穗	8～12	1～1.5
	灌浆	8～12	1.5～2
	成熟	10～15	2～3
甘薯		7～10	2～3
春谷	孕穗	5～10	1～2
	成熟	10～15	2～3
大豆	开花	7～10	2～3
高粱	孕穗	10～15	5～7
	灌浆	15～20	6～10
	成熟	15～20	10～20

注　表中资料摘自《灌溉与排水工程设计规范》(GB 50288—99)。

耕地面积和作物种植结构直接决定了农田的排涝标准，根据我国大部分地区的实际情况，农田排涝标准主要根据作物种植结构确定，水田、旱作物和经济作物的暴雨重现期、排除时间、排除历时和排除程度各不相同，一般而言，经济作物的排涝标准较旱作物高、旱作物的排涝标准较水田高。耕地面积是农田的一个重要的定量指标，体现了农田的规模大小，这一指标易于获取，可以作为确定农田治涝标准的定量指标。可见耕地面积和作物种植结构可以作为确定农田涝区治涝标准的指标因子。

对于农田治涝而言，自然条件、作物产值（量）、调蓄容量、淹没损失大小和治涝工程投资等因素对确定治理标准是非常重要的，但是这些因素往往与治涝标准并不直接挂钩，有的也不容易获取，为简化起见，这5个因素作为确定农田涝区治理标准或提高和降低治理标准的考虑因素更为合理可行。

6.3.2　城市治涝标准指标

1. 影响指标

（1）自然地理条件。

城市所处的地理位置、地形地势条件、水面率或调蓄能力、水文气象条件、排水条件等自然条件对于城市的治涝标准有着重要的影响。关于地理位置的影响，可以江苏省为例说明。江苏省位于淮河流域城市的治涝标准低于沿长江分布的城市，如淮安市（淮河流域）的规划治涝标准为10年一遇，而沿江地区的城市如扬州市的规划治涝标准均为20年一遇，南通市的规划治涝标准为10～20年一遇。关于地形地势条件的影响，以重庆市为例说明，重庆地处山区，是我国著名的山城，虽然位于著名的大巴山暴雨区，暴雨强度大、降水总量多，但因其地形地势较陡，排水条件好，所以涝灾并不突出。此外，水面率或调蓄能力的大小也是影响城市治涝标准的一个重要因素，对于降雨强度较大、降雨量较多的城市，必须预留一定的蓄涝容积，如安徽省芜湖市即对城市的水面率进行了明确的规定。水文气象条件、排水条件等对城市的治涝也有着重要的影响，如有些南方涝区，多有自排和抽排两种排水方式，自排的标准较高，抽排的标准较低，以安徽省裕西河流域为例，其圩区的自排模数为 $1m^3/(s \cdot km^2)$ 左右，而抽排模数为 $0.5m^3/(s \cdot km^2)$ 左右，自排模数明显高于抽排模数。

（2）淹没范围及损失大小。

涝灾的淹没范围、水深、历时、直接与间接经济损失的大小等表征灾害程度的指标也是确定城市治涝标准的重要因素。如果具有若干典型的涝灾淹没损失方面的资料，可以分析出典型涝灾的淹没范围，并统计出淹没损失等，分析不同标准涝水的淹没范围和损失，可以据此论证合理的治涝标准。直观而言，淹没范围较大、淹没损失较大的涝区，其治涝标准也应该较高；反之淹没范围较小、淹没损失较小的涝区，其治涝标准也应该较低。

（3）地区经济实力。

经济条件对易涝区的治涝标准的确定也有一定的影响，经济发展水平越高，经济实力越强，则对治涝的投入也越大，治涝标准也较高；反之，经济发展水平较低高，经济实力较弱，则对治涝的投入也较小，治涝标准也较低。以广东省为例，广东省是我国经济发达省份，其易涝区耕地面积为 881.75 万亩，其中 10 年一遇以上除涝耕地面积 528.5 万亩，占易涝区面积的 60%。广东省现状大多数涝区的排涝标准在 10 年一遇以上，明显高于其他省份的治涝标准，是我国排涝标准最高的省份，这与广东省的经济发展水平是分不开的。就广东省内而言，不同地区的经济实力与其治涝标准也呈现出一定的正相关，GDP 较高的地区，其 10 年一遇以上治理标准的比例也较高，详见表 6.3 - 7 和图 6.3 - 4。

表 6.3 - 7　　　　　　　　广东省 10 年一遇以上治涝面积与涝区 GDP 关系表

城市	易涝区耕地面积/万亩	10 年以上治理面积	10 年以上治理面积占比/%	2011 年 GDP/亿元	GDP 比值
广州市	82.49	67.8	0.82	12560.7	4.68
韶关市	17.25	0.78	0.05	779.7	0.29
深圳市	5.12	1.91	0.37	11358.3	4.23
珠海市	29.45	0	0.00	1418.5	0.53
汕头市	55.76	43.14	0.77	1433.8	0.53
佛山市	102.57	82.17	0.80	6788.2	2.53
江门市	78.83	38.24	0.49	1879.4	0.70
湛江市	47.96	21.36	0.45	1701.4	0.63
茂名市	28.62	0.5	0.02	1789	0.67
肇庆市	69.27	54.99	0.79	1291.2	0.48
惠州市	58.62	25.29	0.43	2172.8	0.81
梅州市	21.23	9.89	0.47	724.8	0.27
汕尾市	44.33	23.79	0.54	553.7	0.21
河源市	7.65	0.26	0.03	575.6	0.21
阳江市	28.22	9.68	0.34	797.1	0.30

续表

城市	易涝区耕地面积/万亩	10 年以上治理面积	10 年以上治理面积占比/%	2011 年 GDP/亿元	GDP 比值
清远市	59.12	28.34	0.48	1268.7	0.47
东莞市	23	21.56	0.94	4698.9	1.75
中山市	45.74	45.74	1.00	2225.3	0.83
潮州市	22.94	17.91	0.78	656.1	0.24
揭阳市	43.8	31.86	0.73	1237.3	0.46
云浮市	9.84	3.36	0.34	481.3	0.18
合计/均值	881.75	528.53	0.6	2685.3	1

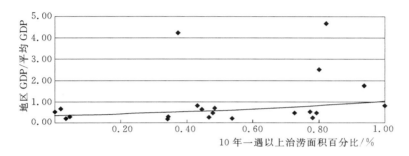

图 6.3-4　广东省 10 年一遇以上治涝面积与涝区 GDP 关系

江苏省易涝区的治理情况也反映出地区经济实力对治理标准的影响。江苏省的经济发展水平由高到低依次是太湖流域、沿长江地区和淮河流域，治涝标准与经济发展水平相对应：太湖流域的标准最高，10 年一遇及以上的治理面积占 2/3；沿长江地区治理标准次之，5 年一遇及以上的治理面积占 90%以上。这里需要注意的是，太湖流域的易涝区面积与沿长江地区的易涝区面积相当并略多；淮河流域的治涝标准是最低的，3 年一遇的治理面积占 60%多。

总体而言，易涝区的经济实力和经济发展水平与治涝标准有密切的关系，经济发展水平高、经济实力强的地区，涝灾的损失及影响也相对较大，对治涝的要求也相对较高；反之亦然。由此可见，地区经济实力也是影响治涝标准的因素之一。

（4）基础设施的规模和数量。

易涝区的铁路、公路、航运机场等交通运输设施，及输变电设施等比较容易受涝灾的影响，且一旦受涝，航班延误或停运，交通受阻。机场的排涝标准往往较高，不允许积水，要求即排即干。很多情况下，全面提高城市的治涝标准并不经济，也没必要，或是受某些条件的制约，因此对于比较重要的基础设施，可按其所处位置、涝水特点及承泄区的有关情况等，划分涝片进行防护，局部提高相应易涝片的治理标准，进行单独防护。独立防护往往适合于易涝片呈点状分布的情况，当易涝片呈面状或线相关分布时（如铁路、公路等），应当综合考虑易涝区的整体情况，结合涝灾损失、资金投入、减灾效益、社会影响、公众心理因素及承受能力等方面的情况，合理确定易涝区的治理标准。因此，当在易涝区范围内，基础设施的数量较多、规模较大时，应适当提高易涝区的治理标准；反之当易涝区内基础设施数量较少、规模较小时，治理标准可不必过高。

（5）投入与效益。

治涝的投入与效益是影响易涝区治理标准的一个重要因素，如果治涝的收益尚不足以抵消治理的投入，那么涝灾治理无疑就缺乏积极性；反之，当治涝的投入能够产生足够的效益时，对涝灾的治理就会主动和积极。实际上治涝的投入所产生的效益并不是直接反映在得到了多少回报，而是体现在减少灾害损失方面。特别是对城市而言，越是先进和发达的城市，其涝灾的损失就越高，对治涝的要求也较高，这实际上也反映了治理投入与减免损失的关系。当城市化发展到某个程度时，城市所面临的涝灾损失将是巨大的，这些损失可能包括经济、社会、环境、心理等各个层面，导致城市无法承受涝灾之痛，也就是俗话说的"淹不起"，此时，对治涝的呼声会越来越高，治理的标准也会不断提高。这实际上反映了城市的社会财富越集中，治涝的投入所产生的社会效益就越显著。日本东京的涝灾治理就体现了这种城市发展对治涝要求不断提高的实例。目前我国许多特大城市正处于这个阶段，近几年北京、广州、武汉等城市暴露出来的排涝问题已引起社会广泛关注，在不久的将来，我国其他的一些城市可能也会面临类似的问题。由此可见，当治涝的投入能够产生足够的效益或是可以有效地减免灾害损失的话，对治理标准的要求也会相应提高。

2. 判别指标

（1）重要性。

防护对象在政治、军事、经济、交通、教育、文化及环境等各方面的重要性是影响治涝标准的一个重要定性指标。直观而言，防护对象越重要，其治涝标准也应当越高。相对于其他防护对象而言，城市人口众多、分布集中、经济发达、社会财富巨大、交通运输繁忙。城市一旦受涝，受影响最为严重的首当其冲的是交通运输，严重的涝灾可能造成城市的交通中断或者停顿、旅客滞留、出行受阻，甚至造成人民生命财产的损失，某些情况下还会对城市形象甚至国家形象造成严重的负面影响，因此城市的治涝标准要较其他防护对象高。对于城市而言，重要性并不一定体现在城市规模的大小或者人口数量等方面，有的城市其规模和人口并不突出，但其政治地位非常重要，如西藏首府拉萨。因此，城市的重要性是确定其治涝标准的一个重要定性指标。

（2）人口。

城市的人口数量是影响其治涝标准的一个主要定量指标，该指标意义重大、易于掌握。直观而言，城市的人口越多、规模越大，则城市的治涝标准也应当越高；反之，城市的人口越少、规模越小，则城市的治涝标准也应当较低。这一点从我国城市目前的排涝标准中可见一斑。以广东省为例，可以看出城市人口与治涝标准存在着一定的关系，人口多的城市排涝标准高，人口少的城市排涝标准低，详见表 6.3-8。

表 6.3-8　　　　　　　　典型城市涝区人口和治涝标准情况表

易涝区名称	面积 /km²	人口 /万人	GDP /万元	现状标准（重现期）	规划标准（重现期）
佛山市禅城区	28	110	309	10年一遇	20年一遇
梅州市东湖涝区	8	8	4	10年一遇	10年一遇

由此可见，在确定城市的治涝标准时也可将城市的常住人口作为其考虑因素之一。

（3）经济指标。

GDP是我国新国民经济核算体系中的核心指标，各地区与其相对应的是地区生产总值（Gross Regional Product，GRP）。《防洪标准》（GB 50201—2014）在确定城市的防洪标准时加入了有关经济指标，同样治涝标准中引入经济指标是必要的，也是可行的。

人均GDP是衡量一个国家或地区经济发展水平最普遍的一项指标。对我国地级及以上城市的人均GDP进行分类统计，结果表明城市之间的人均GDP差别较大，最高与最低的差别更大。

人均GDP作为确定治涝标准的指标也存在年际变幅较大、不稳定的问题。由于GDP增长较快，而人口变化相对稳定，人均GDP的变幅较大，因此将人均GDP作为判别指标并不合适。同样GDP增长率变化也不稳定，2005—2011年我国的GDP增长率分别为11.3％、12.7％、14.2％、9.6％、9.1％、10.4％和9.2％，因此也不宜将GDP增长率作为判别指标。

我国GDP总体增速较大，虽然存在东部沿海与中西部内陆地区、城乡之间发展不平衡的问题，但各地区与全国平均增速相比，总体差别不大，因此，在消除全国平均增长影响后的相对经济指标更具有稳定性。《防洪标准》（GB 50201—2014），将城市人均GDP与全国人均GDP（或全国城市人均GDP）的比值定义为"城市人均GDP指数"，将"城市人均GDP指数"与"城市人口数量"的乘积定义为"城市当量经济规模"。

涝水对城市保护区可能造成的经济损失与经济总量关系密切，由于GDP总量指标不够稳定，可采取GDP总量与"全国人均GDP"的比值，以消除增速不稳定带来的影响。借用《防洪标准》（GB 50201—2014）对城市防护区的当量经济规模的定义为

$$当量经济规模＝人均GDP指数×防护区人口 \quad (6.3-1)$$

其中
$$人均GDP指数＝\frac{防护区人均GDP}{全国人均GDP} \quad (6.3-2)$$

从式中可以看出，在城市人均GDP等于全国人均GDP的情况下，该式的计算结果等于城市的总人口，在城市人均GDP大于（或小于）全国人均GDP的情况下，该式的计算结果将大于（或小于）城市的总人口，因此该指标是GDP总量与全国人均GDP相比得出的经济意义上的"人口"，在《防洪标准》（GB 50201—2014）中将其定义为"当量经济规模"，是反映城市总人口和经济发展水平的经济总量综合指标，与城市的自然人口含义不同但关系密切，且该指标的稳定性较好。

6.3.3 治涝标准指标体系

通过前述的研究，农田和城市的治涝标准指标体系均可以分为两个层次，即"影响指标"和"判别指标"。"影响指标"并不直接决定易涝区的治理标准，但对于确定易涝区的治理标准有重要作用，并需要根据各涝区的实际情况加以综合分析考虑。"判别指标"则直接决定易涝区的治理标准，这就要求指标应具有简单明了、易于理解、易于获取等特点，同时指标也不可过于复杂，指标的数量要少且精，以便具有较强的可操作性，并利于

在实际中的应用和推广。

对于农田而言，"影响指标"包括"自然地理条件""作物产量（值）""调蓄容量""淹没损失大小"和"工程投资"5个指标；"判别指标"包括"耕地面积"和"作物种植结构"两项指标。对于某个具体的农区而言，首先根据"判别指标"即"耕地面积"和"作物种植结构"初步确定治理标准，在此基础上综合考虑"自然地理条件""作物产量（值）""调蓄容量""淹没损失大小"和"工程投资"5个影响指标的作用，再考虑是否适当提高或降低易涝区的治理标准。

对于城市而言，"影响指标"包括"自然地理条件""淹没范围及损失大小""基础设施的规模和数量""地区经济实力"和"投入与效益"5个指标；"判别指标"包括"重要性""人口"和"当量经济规模"3个指标，其中"重要性"是确定城市治涝标准的一个定性指标，"人口"是确定城市治涝标准的一个重要定量指标，"当量经济规模"也是确定城市治涝标准的一个定量指标，这3个指标中除重要性指标要进行定性判断外，其他两个指标均较易获取。对于城市涝区，可先根据"重要性""人口"和"当量经济规模"这3个"判别指标"初步确定治理标准，在此基础上，再综合考虑"自然地理条件""淹没范围及损失大小""基础设施的规模和数量""地区经济实力"和"投入与效益"5个"影响指标"，判定是否需要提高或降低治理标准。

总之，无论对于城市治涝还是农田治涝，"影响指标"和"判别指标"无疑都是非常重要的，在确定标准的过程中都需要对其进行认真考量。但两者在把握程度和尺寸上又有所区别，"判别指标"中的因子是直接与标准挂钩的，"影响指标"中各因素的作用需要根据涝区的具体情况综合分析。

6.4　提高治涝标准的制约因素分析

6.4.1　治涝标准的制约因素

1. 自然地理条件

我国的基本地势是西高东低，呈三级阶梯状，这决定了水汽的输送和河流的走向；地形条件呈现复杂多样性的特点，山区、高原、盆地、丘陵、平原、滨海多种地形各有分布，山区面积广大；我国地域辽阔，南北纬度差异大，东西距海洋远近不同，造成气候的复杂多样性，影响我国降水的主要是夏季风，降水的空间分布从东南沿海向西北内陆逐渐减少，由于夏季风进退，造成我国旱涝灾害频繁。自然条件决定了我国南方和北方、东部和西部的涝灾呈现出不同的特点，各流域的涝灾和治涝标准也有差别。自然条件是决定涝灾严重程度和治理的一个根本因素。根据七大流域各自的特点，以下对各流域农田的治涝标准进行初步分析。

长江流域的易涝区主要分布在四川盆地、江汉平原、洞庭湖、鄱阳湖滨湖地区、下游沿江地区以及云、贵、川山区谷地、盆地等。长江流域的涝灾呈现夏涝（梅雨涝）的特征，并且强度较大、时间较长、影响范围较广，对农业生产、城市危害也较严重，易涝区多集中在长江中下游地区及鄱阳湖、洞庭湖的滨湖地区。长江流域的易涝区现状治涝标准多为 5 年一遇，规划治涝标准可按 10 年一遇考虑。

淮河流域的易涝区主要分布在淮北平原、沿河和滨湖洼地、下游水网地区等。淮河流域的涝水排水出路不足，涝灾的特点表现为因洪致涝，"关门淹（指外河外江水位长时间高于内河水位导致涝水无法自排）"情况严重，现状排涝标准大部分地区为 3 年一遇。由于淮河流域并不具备大幅度提高治涝标准的自然条件，因此规划治涝标准可按 5 年一遇考虑。

太湖流域的易涝区主要分布在湖西的香草河及洮、滆滨湖平原与圩区，锡北洼地，杭嘉湖地区、阳澄淀泖区、黄浦江沿河水网圩区等。太湖流域主要为水网圩区，内涝呈现出洪涝不分的特点，小水为涝，大水即洪。太湖流域农业圩区的规划治涝标准可按 10 年一遇考虑为宜，如果治涝标准过高，则付出的征地、移民、工程建设等多方面的代价过大，并不可行。

珠江流域的易涝区主要分布在珠江三角洲、沿江沿河平原等地。洪水、涝水、台风暴潮等灾害经常遭遇，灾害影响互相叠加，因此治涝要综合考虑防洪、防潮和治涝等方面的因素。尤其是珠江三角洲地区，属典型的水网地区，流路复杂，排水不仅受外江高水位的影响，还会受风暴潮增水的影响。由于沿海地区排涝标准的高低并不会影响相邻地区的排涝，因此珠江流域的治涝标准可适当略高，易涝区规划治理标准可按 10 年一遇考虑。

松辽流域的易涝区主要分布在东西辽河及辽河干流两侧冲积平原及洼地，三江平原和松嫩平原等地区。涝渍灾害的类型主要是平原坡地和平原洼地型，涝灾的成因主要是由于地势低洼造成。现状治涝标准多为 3～5 年一遇，规划治涝标准可按 5～10 年一遇考虑。

海河流域历史上是我国洪、涝、旱、碱灾害严重地区之一。流域年内降雨分配极为集中，在全国各大江河中最为突出。由于流域特殊的地形，历史上各河洪水均集中天津入海，河道泄流能力上大下小矛盾突出，特别是入海尾闾泄量很小，因此遇稍大洪水即泛滥成灾。历史上海河流域的易涝区主要分布于黑龙港及远东地区，清南清北地区，漳卫区间，卫河平原，徒骇马颊河流域和海河北系平原等地区，经过几十年的治理，目前海河流域的涝灾并不突出。规划治涝标准可按 10 年一遇考虑。

黄河流域的易涝区主要分布于关中平原、河套平原、天然文岩渠及金堤河地区，汾河盆地等地区。是除太湖流域以外易涝区面积最小的流域，主要问题是防洪，涝灾并不十分突出。规划治涝标准可按 10 年一遇考虑。

2. 经济实力

我国的东部地区与西部地区，南方地区与北方地区，地域跨度大，自然条件千差万别，各地区经济实力也各不相同，反映在治涝标准方面也有明显差别和规律，即经济实力强的地区，对治涝的要求也较高，其对治涝的投入也较多，相应的治涝标准也较高；反之，经济实力弱的地区，其对治涝的投入也较小，治涝标准也较低。以淮河流域为例，江苏省和河南省同属淮河流域，江苏省属淮河流域的易涝区面积为 21699km²，河南省属淮河流域的易涝区面积为 12496km²，江苏省易涝区面积是河南省易涝区面积的 1.7 倍，可见江苏省淮河流域的治涝任务、范围和工作量远远大于河南省，但是江苏省的治理标准明显高于河南省，江苏省淮河流域易涝区的治涝标准绝大多数为 3～5 年一遇，可占 94%，而河南省的治理标准多不足 3 年一遇，占 66%。这主要是由于两个省份的经济实力不同造成的，江苏省 2011 年的 GDP 总量为 40088 亿元，人均 GDP 为 7697 元；而河南省 2011 年的 GDP 总量为 21165 亿元，人均 GDP 为 3530 元。详见表 6.4-1。从表中可以看出，江苏省的 GDP 总量和人均 GDP 均为河南省的 2 倍左右。由此可见，如果易涝区的经济实力较弱、经济发展水平较低，则会对治涝标准形成明显的制约。

表 6.4-1　　　　　　　　　　淮河流域江苏省和河南省现状治涝标准对比表

省份	易涝区面积 /km²	治涝面积/km²					2011 年 GDP /亿元	人均 GDP /元
		不足 3 年一遇	3 年一遇	5 年一遇	10 年一遇	10 年一遇以上		
江苏省	21699	1232	13994	6395	72	6	40888	7697
河南省	12496	8200	4297	0	0	0	21165	3530

3. 排涝体系布局

城市排涝系统主要由雨水管网、排水河渠、调蓄内湖、外排的江河湖海承泄区及一系列的涵、闸、泵站工程等组成。完善城市排涝体系布局，是解决城市排涝问题的一个重要措施，需要在分析城市排涝体系布局存在问题的基础上，有针对性地进行研究，提出解决方案。对于新建城市，首先应科学合理地规划和设计排涝体系，并在建设过程中有效地实施；对于已建城市，需要找出问题的症结，对症下药，对蓄、引、排、滞等环节进行局部的优化和完善，工程措施与非工程措施并举等。

4. 投入与效益

治涝标准越高，涝灾损失就会越小，但相应的治涝投入也会越大，随着标准的提高，治涝投资可能会急剧增加，因此并非是治涝标准越高越好，只有当治涝投入与减灾效益达到一定的正收益时，此时的治涝标准才具有合理性；如果治涝标准过高，可能会出现减灾效益尚不足以抵消治涝投入的情况。因此，对于易涝区而言，常常需要权衡治涝投入与治涝效益的关系，科学地、合理地确定治涝标准，协调易涝区的安全性与治涝工程建设的经济性，做到安全与经济、投入与效益的相互协调，保障易涝区社会经济的可持续发展。

5. 防洪标准

涝水多为局部降雨形成，洪水则多为大范围或是流域性的降雨形成，通常情况下，涝水形成的时间短、排除快，而洪水由于降雨范围广、汇流面积大、形成洪峰的时间较长，洪水过程要持续一定的时间，因此涝水一般情况下可在洪水到来之前先行排除，不会对防洪造成影响。但在长江流域和淮河流域，由于流域面积大，外江（河）高水位持续时间往往很长，常常会出现洪涝遭遇的情况，即排涝时遭遇外江（河）的高水位，在此种情况下，保证防洪安全是首要任务，对排涝要进行合理控制，待洪水消退后，再进行排涝。

在确定易涝区的治涝标准时，需要统筹防洪与排涝的关系，在保证防洪安全的前提下，适度排涝。当防洪与除涝出现矛盾时，可以通过行政管理的手段对排涝进行控制，这相当于事后控制。为了达到预防的目的，进行事先控制更有必要，可以起到事半功倍的效果，因此在规划和设计层面上，即需要对除涝进行合理的控制，不宜将治涝标准规定过高。目前我国大部分地市以上的城市，规划治涝标准多按 20 年一遇治理。北京市的城市排涝内河的治涝标准采用 2 级控制，规划标准为 20 年一遇，校核标准为 50 年一遇。我国县级城市的规划治涝标准多为 10～20 年一遇。对于乡村而言，目前我国大部分地区农田的实际排涝标准多为 3～5 年一遇，仅有少部分高标准农田的排涝标准可达到 10 年一遇，即便是经济发达的日本，其农田的排涝标准也是 10 年一遇。治涝要在防洪安全所要求的框架和范围内进行，防洪安全是对涝区治理程度和深度的一个硬性制约和限制，也是易涝区提高治涝标准的一个重要且不可逾越的约束条件。

6.4.2　合理的治涝标准范围

研究表明，当保护对象为农田时，水田、旱田经济合理的治涝标准为 5～10 年一遇；经济作物的治涝标准为 10 年一遇较为合适。因此现阶段我国农田的治涝标准主要按 10 年一遇进行治理比较合理，个别涝区情况特殊，无法达到这一标准的，可按 5 年一遇进行治理。

城市治涝标准的设计暴雨重现期一般应在 10 年一遇以上，如县级城市可按 10 年一遇进行治理，地市级城市可按 10～20 年一遇进行治理，特别重要的城市治涝标准可以超过 20 年一遇。综合考虑，城市治涝标准设计暴雨重现期的上限为 20 年一遇较为合理，超过 20 年一遇标准的，可按防洪进行治理。暴雨重现期只是治涝标准的一个方面，根据各城市的具体情况，需要提高治涝标准时，可以通过缩短降雨历时和排除时间达到；反之，如需降低标准，则可通过延长降雨历时和排除时间实现。

6.5　治涝标准评判条件研究

6.5.1　治涝标准确定原则

易涝区的治理首先应确定合理的治理标准，而在确定治涝标准时应遵循以下基本原则。

1. 统筹兼顾、科学合理

坚持以人为本，树立全面、协调、可持续的科学发展观，保证治涝标准的确定具有科学性和合理性。治涝并不是单一的行为，而是涉及易涝区的地形地势、排水体系布局、湖泊分布、河渠（沟、涌）走向等自然条件的不同方面，并与流域或区域的防洪密切相关，同时还涉及易涝区的经济发展和社会接受程度等方面的因素。因此，在研究易涝区的治理标准时，需要分析涝区存在的问题，查明涝渍灾害的成因，根据城市、乡村可持续发展、环境保护和洪、涝、旱综合治理的要求，遵循治涝标准与经济社会发展相适应的原则，统筹考虑自然条件、经济发展、社会要求等方面的种种因素，合理确定治理标准。

易涝区的治理标准应符合涝区实际情况，并且能满足一定时期内易涝区国民经济发展和人民群众生命财产安全对治涝的基本要求，保障经济社会的可持续发展。对于发生在设计标准内的涝水，应能保障经济发展和社会生活的正常秩序；对于超标准涝水，应能保证经济社会活动和群众生活不致发生大的影响，生态环境不会遭到破坏。

2. 分区防护、分别确定

我国的地形地势、气候气象、河流水系等基本自然条件，在大尺度和宏观层面上决定了易涝区的范围往往较大，如三江平原、珠江三角洲地区等易涝区的范围均较大。在对易涝区进行防护和治理时，不可能对整个大范围的易涝区进行全面的整体性防护，这样既不经济也没有必要，行之有效的方法是对易涝区进行分区分片治理和防护。分区治理首先要划分排涝分区，划分排涝分区时应充分考虑山丘区、平原区及滨海区等基本地形情况和特点，分析受涝水威胁地区的涝水特征，根据地形地势条件、地面高程、排水沟渠分布、涝水流路、区内植被及地面附着物、下垫面情况、区内湖泊洼地等蓄涝条件、承泄区水位、堤防、道路或其他地物的分隔作用等划分为若干个部分（涝片），涝片划分要大小适度，不宜过大，各个涝片可根据自身特点和情况进行单独防护。

排涝分区应科学合理，原则上应遵循高水高排、低水低排、高低水分开、就近排除等基本原则，近外江（河、湖、海）涝片的涝水应直接排水入江（河、湖、海），不宜辗转绕道排出，不宜盲目改变历史上长期以来形成的涝水走向。易涝区治理要依托排涝体系布局，因地制宜，实行蓄、滞、泄兼施的治涝措施。充分利用易涝区内已有的水利设施，发挥上游调蓄工程的作用，有效地挖掘和发挥涝区内的湖泊、河流、沟渠、洼地、坑塘等的容纳滞蓄能力，排蓄结合，宜排则排，宜蓄则蓄，最大限度地削减排涝峰量；正确处理好截排、自排与强排的关系。排涝体系布局、排水方式（如自排和抽排）、蓄涝能力等与易涝区的治理标准密切相关，划分排涝分区时要充分利用已有的排涝体系，不宜随意分割或任意改变。

3. 协调衔接、防护适度

易涝区治理应以流域或区域的综合规划、防洪规划、治涝规划等为依据，结合城市的总体规划、乡村的水土资源利用现状及规划等，处理好近期与远期的关系，协调与市政建设和乡镇发展的关系，在满足防洪排涝要求的同时，改善城市景观，美化环境。在确定易涝区的治理标准时，还应注意与已治理涝区的协调和衔接，在与现状排涝体系和排涝工程衔接的基础上完善和优化排涝布局。

易涝区的治理标准要科学合理、经济可行，既要达到防护的目的，又要平衡投入与效益的关系，治理标准既不宜过高也不宜过低，标准过高可能会造成资金积压，导致不必要的浪费，标准过低则达不到防护目的。从投入与效益的理论上讲，最优的排涝标准应是使排涝的成本及费用的期望值与减免的内涝损失期望值的差值最大，即排涝的净效益最大化。这可以通过风险-效益-费用的综合评价来实现，判定系统的风险是否可以接受，是否需要采取进一步的安全措施，从而进行风险管理，为决策提供基础和依据。因此，在工程实践中，可以根据排涝任务，拟定技术上可行、经济上合理的若干个比较方案，进行分析、评价和比较，最后经综合分析选定相对最优的方案，其所对应的排涝标准即为所确定的排涝标准。但由于影响排涝标准的因素较多，并非仅用效益最大化才可得出科学合理的治理标准。合理的治理标准应能满足一定时期内经济社会发展对治涝的基本要求，保障社会安定和经济的可持续发展，需要综合考虑社会、政治、经济、民生等多方面的因素，平衡区域之间、局部与整体、近期与长远、防洪与治涝、上下游、干支流等的相互影响和关系，综合分析论证，进行适度防护，防护不足（治理标准偏低）和过度防护（治理标准偏高）均不可取。

6.5.2 治涝标准评判条件和确定方法

1. 分区确定治涝标准

在确定治涝标准时，应分析受涝水威胁地区的涝水特征、地形条件以及河流、堤防、道路或其他地物的分隔作用，可以分为几个部分单独进行防护的，应划分为独立的防护区，各个防护区的治理标准可分别确定。这里需要明确的是，排涝分区的划分应该遵循一定的原则，如可利用明显地物和现有水系，各分区面积要适中，不宜无限制地一味由大区一而再、再而三地划分为小区，实际上各个排涝分区由于其实际情况和物理属性，在一定尺度上已是客观存在着的事实，当然这种自然存在的分区并不一定与治涝的要求相吻合，因此在自然分区的基础上，还是需要根据治涝的思路和要求，对分区进行优化和调整，完善排涝分区，使排涝分区科学合理，以达到最佳的治理效果。在涝区分区的基础上，应根据各涝片的人口、耕地面积、基础设施等情况，分别确定各分区的治理标准。

如果治涝分区内的某个防护对象，其要求的治理标准高于整个涝区的治理标准且能够进行单独防护时，该防护对象的治涝标准应单独确定，并采取单独的防护措施，如机场等。当涝区内有两种以上的防护对象，又不能分别进行防护时，该涝片的治涝标准应按主要防护对象中要求较高者确定。

2. 指标体系判别

（1）重要性。

保护对象的重要性是指其在政治、经济、交通、教育、文化及环境等各方面的地位、作用和对外部的影响程度，保护对象越重要，其在维护社会安定、和谐、发展方面的作用就越大，对涝灾治理的需求就越高，治理标准也应当越高；反之亦然。一般情况下，城市的重要性与城市人口是密切相关的，人口越多，则城市的重要性就越显著；但在个别情况下，重要性并不一定体现在城市规模的大小或者人口数量等方面，有的城市其规模和人口并不突出，但其政治地位非常重要，如西藏首府拉萨的非农业人口并不多，小于 150 万人，但其处在自治区首府的地位且是少数民族居住地，政治地位非常重要，因此在确定其治涝标准时应适当考虑其重要性因素。

《防洪标准》（GB 50201—2014）对城市的重要性指标可划分为"特别重要""重要""比较重要"和"一般"4 个等级，由于治涝标准的暴雨重现期上限为 20 年一遇，同时还需要考虑合理性，因此"重要性"指标在参考《防洪标准》（GB 50201—2014）的划分模式的基础上，应进行适当的归并处理，即分为 3 个重要性等级。综合考虑，现阶段对于"特别重要"的城市，暴雨重现期规定为不小于 20 年一遇；对于"重要"和"比较重要"这两个等级的城市，在重要性指标上归并为一类，即"重要"，降雨重现期规定为 20～10 年一遇比较合理；对于"一般"等级的城市，治涝标准规定为 10 年一遇比较合理。

（2）人口。

目前我国城市的人口统计口径多种多样，常见的有户籍人口、非农业人口和常住人口等。《防洪标准》（GB 50201—2014）将 1994 版标准中的"非农业人口"改为"常住人口"。在制定治涝标准时，统计口径以"常住人口"为基准比较合理。

《防洪标准》（GB 50201—2014）对城市的常住人口划分为 4 个等级，分别为不小于

150 万人、150 万～50 万人、50 万～20 万人和小于 20 万人。综合考虑，现阶段对于常住人口"不小于 150 万人"这一规模的城市，暴雨重现期规定为不小于 20 年一遇；对于人口在"150 万～50 万人"和"50 万～20 万人"这两个人口规模的城市合并为人口为"150 万～20 万人"，暴雨重现期规定为 20～10 年一遇；对于常住人口"小于 20 万人"这一人口规模的城市，治涝标准规定为 10 年一遇。

鉴于"人口"指标对于农田治涝的意义不大，农田治涝标准主要由作物种植结构确定，因此农田治涝不考虑"人口"指标。

（3）耕地面积。

我国幅员辽阔，在耕地资源方面，南方与北方、沿海与内陆差别较大，北方和内陆地区的耕地多而人口少，南方和沿海地区人口多而耕地少，比如我国北方松辽流域嫩江左岸下段（黑龙江省部分）人口 27.21 万人，耕地 430.66 万亩，人均耕地面积为 15.8 亩，松干左岸佳同区（黑龙江省部分）人口 26.05 万人，耕地 333.87 万亩，人均耕地面积为 12.8 亩；而我国中部及南方大部分地区人均耕地较少，如淮河流域惠沙片耕地面积为 383 万亩，而人口为 348 万人，人均耕地面积为 1.1 亩。显而易见，耕地规模是代表农田防护区的一个重要特征，原则上对于南方和北方，这一指标的划分应该区别对待。

实际上农田的排涝主要是由作物的种植结构确定的，因为不同作物的耐淹水深不同，因此不同作物的排除时间也不同，耕地面积可以作为确定农田治涝标准的一个宏观控制指标，参考有关灌区设计规范的规定：不小于 50 万亩的灌区为大型灌区。因此，可按耕地面积 50 万亩进行划分，面积 50 万亩以上的农田防护区的治涝标准宜略高于面积 50 万亩以下的农田防护区。

（4）经济指标。

经济条件对治涝标准的确定有一定影响，经济发展水平越高，经济实力越强，涝灾的损失就越大，对治涝的要求也往往越高，其对治涝的投入也较大，因此治涝标准也往往较高。

《防洪标准》（GB 50201—2014）在制定城市的防洪标准中引入了经济指标，提出了当量经济规模的概念，城市防护区的当量经济规模由下式计算，即

$$当量经济规模（万人）＝人均 GDP 指数×防护区人口$$

式中人均 GDP 指数采用下式计算，即

$$人均 GDP 指数＝\frac{防护区人均 GDP}{全国人均 GDP}$$

《防洪标准》（GB 50201—2014）对城市的当量经济规模的规定如下：当量经济规模划分为 4 个等级，分别为不小于 300 万人、300 万～100 万人、100 万～40 万人和小于 40 万人，对应的防洪标准分别为不小于 200 年一遇、200～100 年一遇、100～50 年一遇和 50～20 年一遇。治涝标准可参考《防洪标准》（GB 50201—2014）的思路和处理办法，综合考虑处理如下：现阶段对于当量经济规模"不小于 300 万人"这一等级的城市，治涝标准规定为不小于 20 年一遇；当量经济规模"300 万～100 万人"和"100 万～40 万人"这两个规模等级的城市合并为"300 万～40 万人"，治涝标准规定为 20～10 年一遇；对于当量经济规模"小于 40 万人"这一规模等级的城市，治涝标准规定为 10 年一遇。

由于治涝标准的制定是一个复杂的过程，涉及多个方面的因素，经济指标可以作为标准制定的一个重要因素，对当量经济规模的表述也是《防洪标准》（GB 50201—2014）的一个创新，其在实际中的应用情况尚不得而知，仍需在日后的应用中进行跟踪和了解。

（5）作物结构。

对于农田涝区而言，作物种植结构、水旱田比例也是确定治涝标准需考虑的重要因素。作物的种植结构直接影响作物的耐淹水深，超过耐淹水深则会造成作物的受害甚至死亡，而耐淹水深实际上反映的是作物的田间调蓄能力，因此作物的种植结构与耐涝能力有一定的关系，同时还体现出作物的经济指标（如产量、产值等）对治涝的要求。

如果易涝区作物的种植结构以耐淹作物为主，则可以适当降低治理标准；反之，如果作物的种植结构以不耐淹的作物为主，或是以经济作物为主，则应适当提高治理标准。

3．其他考虑因素

以上所述的重要性指标、人口指标、耕地面积指标和当量经济规模均是制定治涝标准的重要的定性和定量依据指标，称之为指标体系。其他影响治涝标准的因素，如地形地势、调蓄容量、经济实力、淹没损失、费用效益等可以作为制定治涝标准的重要参考。

（1）地形地势。

确定治涝标准时还需要考虑易涝区的地理位置（山丘区、平原区和滨海区等）和地形地势条件。对于山丘区等排水条件较好的地区，涝水的排除速度快、时间短，淹没损失较小，因此治理标准可适当降低；对于平原区和滨海区，由于地势平缓，涝水不易排出，淹没范围大、历时长，淹没损失也较大，因此治理标准可适当提高。

地理位置和地形地势条件不仅影响易涝区的治理标准，还影响到排水方式和治涝措施等。山丘区多采用自排方式，即重力式排水方式；而平原区和滨海区要采用自排和抽排相结合的排水方式，即重力式与动力式相结合的排水方式，并且需要科学合理地分析和研究自排和抽排两种排水方式的配置方案。

（2）调蓄容量。

易涝区的调蓄能力对区域涝灾的治理有着重要而积极的意义，蓄涝能力可以有效地减免涝灾，减轻治涝的难度和工作量，减少治涝工程的规模和投资。蓄涝能力主要反映在调蓄容量或调蓄率上，如湖泊、水塘等调蓄水体的水面面积和容积等。由于城市化的发展，天然的湖泊、水塘、河涌及洼地等已大为减少，因此治涝的当务之急是禁止对蓄涝水体的侵占，尽可能地退地还水。对于有条件的地区，可以充分利用洼地、湿地等，开辟一些蓄调水体，增加调蓄能力。

制定易涝区的治理标准时，应充分发挥和利用易涝区水体的调蓄能力，当易涝区的蓄涝能力较强时，可以适当降低治理标准。

（3）淹没损失。

从治涝的角度考虑，保护对象或保护区的涝水淹没特征与灾害程度关系密切，即涝水的社会灾害指标多是由涝水的属性指标决定的，前者主要包括涝灾造成的经济损失、人员伤亡等方面，可由统计调查获得有关数据资料；后者主要包括涝水淹没范围、淹没历时和淹没水深等指标，可由实地调查或借助遥感等手段等获得有关数据资料。一般来说，灾害涝水的淹没范围越大、历时越长、水深越大，可能造成的涝灾损失与影响就越大，其治涝标准也应越高。上述指标的具体数值与灾害涝水的水文特征（涝水量、时间和空间分布情况等）、水力演进过程、地形地貌等自然条件有关。

易涝区治涝标准的制定与涝灾损失及影响直接相关，由于涝水的演进过程与自然地形、地势等条件紧密相关，涝水淹没区域可能包括城市或乡村的全部，也可能只涉及其局部地区。因此，在制定城市或乡村防护区的治涝标准时，其人口、耕地面积、基础设施及经济等特征指标的统计值应以涝水淹没范围为依据，而不能简单地套用整个研究对象的地理范围。

从理论上讲，涝灾的损失应当是定量指标，但涝灾损失多是事后调查，由于统计调查的局限性，常常造成涝灾损失无法准确定量地表示，实际工作中，由于资料的缺少，运用涝水淹没损失来分析确定易涝区的治理标准常常难以操作，但是对于涝灾淹没损失的宏观判断对分析确定易涝区的治理标准无疑也是具有指导意义的。即当易涝区地势低平、基础设施较多时，往往涝水的淹没范围较大，遭受涝灾后损失也较大，此种情况下，治理标准也应较高；反之亦然。当然，涝灾损失的大小也可以作为治理标准提级或降级的一个因素。

（4）费用效益。

对于某个具体的易涝区而言，其治理费用的投入与收到的效益有一定的正相关关系，即投入越大效益越好。由前面的分析可知，当治理标准不高时，治涝的投入可以收到较明显的效益，对农田而言治理标准在 10 年一遇时收效比较明显，治理标准提高到 20 年一遇时，效益的提高已是非常有限。当然，对于城市和乡村，或是不同的易涝区，其费用和效益的最佳组合不可一概而论，而应具体情况具体分析。

总体而言，当提高治理标准所增加的费用投入较少且效益明显时，可适当提高治涝标准；反之，当提高治理标准所增加的费用投入较多，而效益并不明显时，则不必提高治涝标准。在制定易涝区的治理标准时，对于费用和效益的考虑可以定性分析、宏观把握。

6.5.3 不同保护对象的治涝标准

治涝标准的制定与防洪标准的制定既有相互联系，又各具特点，前者不仅涉及重现期的制定，还涉及降雨历时和排除时间的制定，而后者仅仅是重现期的制定，可见治涝标准的制定更为复杂。以下分别从重现期、降雨历时和排除时间 3 个方面对城市和乡村的治涝标准进行分析制定。

1. 城市

（1）重现期制定。

1）方法一。为与防洪标准保持协调，同时又能体现治涝的特色，在制定城市治涝标准的重现期时，借用《防洪标准》（GB 50201—2014）中关于防护等级、重要性和常住人口的划分，即防护等级分为 I、II、III 和IV 这 4 个等级；重要性划分为"特别重要""重要""比较重要"和"一般"4 个等级；人口划分为"不小于 150 万人""150 万～50 万人""50 万～20 万人"和"小于 20 万人"4 个等级。从合理性角度分析，对于 4 个不同的防护等级，治涝标准的重现期应有所区别，等级越高则治理标准也应越高。因此，对于第 I 防护等级的城市，重现期可制定为 50 年一遇；对于第 II 防护等级的城市，重现期可制定为 30 年一遇；对于第Ⅲ防护等级的城市，重现期可制定为 20 年一遇；对于第Ⅳ防护等级的城市，重现期可制定为 10 年一遇，见表 6.5-1。

表 6.5-1　　　　　　　　　城市的防护等级和治涝标准（方法一）

防护等级	重要性	常住人口/万人	治涝标准（重现期/a）
Ⅰ	特别重要	≥150	50
Ⅱ	重要	<150，≥50	30
Ⅲ	比较重要	<50，≥20	20
Ⅳ	一般	<20	10

2）方法二。考虑到我国目前城市的治涝标准普遍较低，即便是特大城市的治涝标准也多为 20 年一遇，因此不同规模的城市治涝标准无法拉开差距，只能归并处理。同方法一，为与防洪标准保持协调，同时又能体现治涝特色，在制定城市治涝标准的重现期时，参考《防洪标准》（GB 50201—2014）中关于重要性和常住人口的划分，并进行合理适当的归并处理：取消防护等级；重要性划分为"特别重要""重要"和"一般"3 个等级；人口划分为"不小于 150 万人""150 万～20 万人"和"小于 20 万人"3 个等级；而重现期对应不同的指标划分分别为"不小于 20 年一遇""20～10 年一遇"和"10 年一遇"，详见表 6.5-2。

为了在治涝标准制定中考虑经济指标，参考《防洪标准》（GB 50201—2014）的有关规定，引入当量经济规模，并划分为"不小于 300 万人""300 万～40 万人"和"小于 40 万人"3 个等级，见表 6.5-2。

表 6.5-2　　　　　　　　　城市防护区的治涝标准（方法二）

重要性	常住人口/万人	当量经济规模/万人	治涝标准（重现期/a）
特别重要	≥150	≥300	≥20
重要	<150，≥20	<300，≥40	20～10
一般	<20	<40	10

3）推荐方法。对于方法一和方法二提出的城市治涝标准进行比较分析，方法一对不同防护等级的城市制定的治涝标准也不同，从理论上分析，方法一更具有合理性，但如果按方法一的规定，则会出现目前我国几乎所有城市的治涝标准均不达标的情况，因此方法一并不适合我国目前的国情，但在将来某个时期，方法一的规定并非不可能。方法二虽然无法区别不同等级城市的治涝标准，但充分考虑了目前我国城市排涝的实际情况，比较符合我国现阶段的国情，在实际应用中更具有可操作性和适用性。综合考虑，现阶段城市的治涝标准的制定采用方法二更合理。

（2）降雨历时制定。

对于城市防护区，原则上降雨历时规定为 24h，由于我国南方和北方、东部和西部等地区差别较大，不同地区、不同规模的城市对治涝的要求也不尽相同，因此在制定城市的治涝标准时，应根据实际情况，具体问题具体分析，合理确定城市的降雨历时。可根据城市所处的地理位置、地形地势、调蓄能力、经济实力及费用效益等方面的情况，适当调整降雨历时，如 12h、6h 等。如对治涝要求较高、经济实力允许的情况下，可以选用较短的降雨历时。

（3）排除时间制定。

对于城市防护区，原则上降雨历时规定为 24h。

当重现期和降雨历时确定后，涝水的排除时间对治涝的影响非常明显。举一个简单的例子，同样的重现期和历时的降雨，如果排除时间规定为 12h，在平均排除和不考虑调蓄作用的情况下，其所对应的排水流量规模是 24h 排除时间的 2 倍；另外，不同的降雨历时和排除时间可能会有多种多样的组合，由此确定的治涝工程规模也会有一定的差别。因此，在制定城市涝水的排除时间时，也要具体情况具体分析，并结合重现期和降雨历时的确定情况，根据城市所处的地理位置、地形地势、调蓄能力、经济实力及费用效益等方面的情况，适当缩短或延长涝水的排除时间，如可缩短为 12h 或 6h 等，对于调蓄能力比较强的城市，或是排涝出路不足的城市，也可延长涝水的外排时间。

以上重点研究的是城市治涝标准以降雨表示的情况，对于以河道内的涝水流量表示的情况，治涝标准仅涉及涝水重现期的制定，重现期标准同上，可采用 10～20 年一遇的涝水流量重现期，此处不再赘述。

2. 农田

（1）现状标准分析。

我国地域辽阔，南方、北方，东部、西部的治涝标准五花八门、不一而足。涝水重现期有 2 年一遇、小于 3 年一遇、3 年一遇、5 年一遇、6 年一遇、10 年一遇、11 年一遇等，还有的地区采用典型雨型标准，暴雨历时有 1d、2d、3d、5d、7d、12d、15d、22d、45d 等及 12h、36h 等，排除时间有 1d、2d、3d、4d、5d、7d、10d、22d 等及 12h、22h、36h、66h 等，详见表 6.5 - 3。由此可见，各地区的治涝标准各不相同、非常复杂，这也是由于各地区根据各自的特点，通过长期的总结经验和吸取教训，适合各自特点的治理标准。因此，制定治涝标准必须根据各地区的实际情况、因地制宜、宏观把握，不宜硬性规定，需要预留一定的变动空间，以便使标准具备一定的灵活性和弹性，以增强标准的适应性和可操作性。

虽然我国不同地区的治涝标准各不相同，但是通过认真分析可以发现，各地区的治涝标准还是有一定的规律可循。治理标准的重现期多在 10 年一遇（含）以下，仅个别为 20 年一遇；每个省份一般都有 1～2 个主要治理标准，如河南省 60% 以上涝区的治理标准为 5 年一遇 3d 降雨 2～3d 排除，湖北省半数以上涝区的治理标准为 10 年一遇 3d 降雨 3d 排除；易涝区内分布有湖泊时，由于蓄涝能力较强，降雨历时和排除时间均较长，如江苏省太湖流域的易涝区的降雨历时可达 15d，广东省有的涝区的排水历时可达 22d 等。不同易涝区的治理标准所反映的规律性，也正是制定治涝标准的基础和依据。

以下分别从重现期、降雨历时和排除时间 3 个方面，对农田涝水的治理标准进行制定。

表 6.5-3 各省份治涝标准统计表

序号	省份	涝区数量	重现期 ××年一遇	降雨历时	排除时间	主要类型重现期/降雨历时/排除时间	占比/%
1	河南省	61	<3、3、5	3d	2d、3d	5年/3/2～3d	60
2	山东省	294	3、4、5、10、20、64雨型	1d、2d、3d、12d、45d	1d、2d、3d、4d、10d	5年/1～3d/1～3d	45
3	江苏省	19	<3、3～5、5、10、20	3d（淮河长江）7/15d（太湖）	4d（淮河长江）	3～5年/3d/4d（淮河长江）	40
4	浙江省	36	5、10	1d、3d	1d、2d、4d、36h	10年/1d/1d	40
5	四川省	91	2、5、20	12h、1d	1d、2d	5年/1d/	
6	湖北省	121	5、10、20	1d、3d	1d、2d、3d、5d	10年/3d/5d	57
7	湖南省	149	3、5、6、10、11	1d、3d、15d、12h	1d、3d、5d、12h、22h、66h	10年/3d/3d	45
8	广东省	17	10	1d	1d、2d、3d、22h	10年/1/1～3d/	80
9	吉林省	78	12h、36h、3d	5、10	1d、2d、3d、4d、5d、36h	10年/1d/1～2d	35
10	辽宁省	10	5、10				
11	陕西省	29	3～5、5、10	1d、3d、5d	1d、3d、7d	10年/1d/3d	40

注 表中湖北省为规划治涝标准，其他省份为现状治涝标准。

（2）治涝标准分析。

1）重现期制定。

a. 方法一。同城市治涝标准的制定原则一样，乡村治涝标准的重现期，也借用《防洪标准》（GB 50201—2014）中关于防护等级、人口和耕地面积的划分，即防护等级分为Ⅰ、Ⅱ、Ⅲ和Ⅳ这4个等级；人口划分为"不小于150万人""150万～50万人""50万～20万人"和"小于20万人"4个等级；耕地面积划分为"不小于300万亩""300万～100万亩""100万～30万亩"和"小于30万亩"4个等级。对不同防护等级乡村的治涝标准应区别对待，对于第Ⅰ防护等级的乡村，治涝标准制定为30年一遇；对于第Ⅱ防护等级的乡村，治涝标准制定为20年一遇；对于第Ⅲ防护等级的乡村，治涝标准制定为10年一遇；对于第Ⅳ防护等级的乡村，治涝标准制定为5年一遇，见表6.5-4。

表 6.5-4 乡村防护区的防护等级和治涝重现期（方法一）

防护等级	人口/万人	耕地面积/万亩	治涝标准（重现期/a）
Ⅰ	≥150	≥300	30
Ⅱ	<150，≥50	<300，≥100	20
Ⅲ	<50，≥20	<100，≥30	10
Ⅳ	<20	<30	5

b. 方法二。农田治涝标准的重现期，主要根据作物种植结构制定，作物划分为 3 类，即经济作物、水稻和旱作，考虑到我国目前乡村的治涝标准普遍较低，即便是高标准农田的治涝标准也仅为 10 年一遇，因此不同规模的农田治涝标准无法拉开差距，参照有关灌区设计规范，以耕地面积为 50 万亩进行宏观把握，面积大于 50 万亩的农田治涝标准略高于面积小于 50 万亩的农田，详见表 6.5-5。

表 6.5-5　　　　　　　　　农田防护区的治涝标准暴雨重现期（方法二）

耕地面积/万亩	作物区	设计暴雨重现期
≥50	经济作物区	20～10 年一遇
	水稻区	10 年一遇
	旱作区	10～5 年一遇
<50	经济作物区	10 年一遇
	水稻区	10～5 年一遇
	旱作区	10～3 年一遇

c. 方法比较。对于方法一和方法二提出的农田治涝标准进行比较分析，方法一对不同防护等级的农田制定的治涝标准也不同，从理论上分析，方法一更具有合理性，但如果按方法一的规定，则会出现目前我国即使是防护等级较高的乡村治涝标准也不达标的情况，因此方法一并不适合我国目前的国情。方法二充分考虑了目前我国农田排涝的实际情况，比较符合我国现阶段的国情，在实际应用中更具有可操作性和适用性，综合考虑，现阶段乡村的治涝标准重现期按方法二确定比较合适。

2）降雨历时制定。关于乡村治涝的降雨历时，由于地区之间的差异、作物结构方面的差异等，导致对于降雨历时的规定，不同的易涝区有明显的区别。既有规定为 24h 的，也有 3d 或 5d 的，因此乡村治涝的降雨历时不宜一刀切，或是限制得过于僵化，而应具备一定的灵活性和弹性空间。原则上农田治涝的降雨历时可规定为 1～3d，具体情况可视作物种类确定，如经济作物可取 1d、旱作可取 2d、水田可取 3d。因此，在确定各易涝区的降雨历时时，应综合考虑作物的种植结构、易涝区的地理位置、地形地势、调蓄能力、经济实力及费用效益等方面的情况，根据实际情况确定降雨历时，以使治涝标准尽量科学合理。农田治涝的设计暴雨历时详见表 6.5-6。

表 6.5-6　　　　　　　农田治涝的设计降雨历时、涝水排除时间及排除程度

作物种类	降雨历时	排除时间	排除程度
经济作物区	24h	24h	田面无积水
旱作区	1～2d	1～3d	
水稻区	2～3d	3～5d	耐淹水深

注　表中设计暴雨历时与排除时间均针对田间排水。

3）排除时间制定。对农田而言，排除时间主要与作物种类（如经济作物、粮食作物、水田、旱作等）、田间滞蓄等因素有关。根据表 6.5-3，排除时间可为 1d、2d、3d、4d、5d、7d、10d、22d 等及 12h、22h、36h、66h 等，如果调蓄能力较强，排水历时则较长，

多数涝区旱田的排水历时为 1～3d，水田的排水历时一般为 3～4d。综上所述，排除时间原则上可规定为 1～3d，当农田为经济作物时，排除时间可适当缩短，如可取 1d；当为水田时，排除时间可根据易涝区的实际情况，适当延长至 3～5d；对于旱作，排除时间可取用适中历时，如 2～3d。对于易涝区内分布有湖泊、洼地等调蓄水体时，可根据调蓄能力的大小，适当延长排水历时。农田涝水的排除时间见表 6.5－6。

4）排除程度。农田涝水的排除程度主要是由作物的种类决定的，按从作物受淹算起，经济作物和旱作物在排除时间内排至田面无积水，水田在排除时间内排至作物耐淹水深，见表 6.5－6。

（3）治涝标准规模制定法。农田治涝标准制定的一种思路是根据农田的规模确定标准，即根据上述关于重现期、降雨历时和排除时间的分析，研究提出按耕地面积和人口的规模确定易涝区的治理重现期，按作物种类确定降雨历时、排除时间和排除程度。由于重现期主要是由易涝区的规模指标确定的，因此该方法也可称为规模制定法，见表 6.5－7。

表 6.5－7　　　　　　　　　　　农田防护区治涝标准规模制定法

防护等级	人口/万人	耕地面积/万亩	重现期/a	作物种类	降雨历时	排除时间
I	≥150	≥300	20～10	旱物	1～2d	1～2d
				水稻	3d	3～5d
II	<150，≥50	<300，≥100		旱物	1～2d	1～2d
				水稻	3d	3～5d
III	<50，≥20	<100，≥30	10～5	旱物	1～2d	1～2d
				水稻	3d	3～5d
IV	<20	<30		旱物	1～2d	1～2d
				水稻	3d	3～5d
经济作物			10	经济作物	24h	24h

注　排除程度：对于经济作物和旱作为排至地面以下；对于水稻为排至耐淹水深。

（4）治涝标准作物种类制定法。

农田治涝标准制定的另一种思路是根据作物种类确定治涝标准。实际上有些情况下，农田的治涝标准与防护区的耕地面积并无明显的关系，如安徽省和江苏省等省份的农田治涝标准主要是根据农作物的种植结构确定的，经济作物、粮食作物的治理标准不同，水田和旱田的治理标准不同。为简化起见，治涝标准的重现期可根据经验确定；降雨历时与排除时间主要是由作物的种植结构和种类决定，即重现期按 5～10 年一遇制定；降雨历时根据作物的种类确定：经济作物和旱作取 24h、旱作取 1～2d、水田取 3d 等；排除时间也根据作物的种类确定：经济作物取 24h、旱作取 1～2d、水田取 3～5d；排除程度对于经济作物和旱作指排至地面以下，对于水田指排至水稻的耐淹水深。该法实质上是由作物的种类确定治涝标准，因此也称为"作物种类制定法"，是一种简化处理方法，简便易行，见表 6.5－8。

对于上述两种不同的方法，考虑我国农田治涝的实际情况，按作物种类确定治涝标准更具可操作性。同时考虑到为了反映不同耕地面积规模的农田在治涝标准方面的区别，对

表 6.5-8　　　　　　　　　　治涝标准作物种类制定法

作物种类	重现期/a	降雨历时	排除时间	排除程度
经济作物	20～10	24h	24h	田面无积水
旱作	10～3	1～2d	1～3d	
水稻	10～5	2～3d	3～5d	耐淹水深

　　降雨重现期以 50 万亩进行划分，略有区别，见表 6.5-5。在实际应用时，需要根据易涝区的具体情况，按不同种类作物的排涝要求，适当调整重现期、降雨历时和排除时间等。

　　（5）方法比较。

　　表 6.5-9 给出了水田及旱作与治理标准的情况统计，综合不同地区不同作物治理标准的共性特点和规律，可以发现具有一定的规律：重现期与作物结构并无明显的关系，主要是由易涝区的自然条件、现状治理标准、地区经济实力和治涝投入与费用关系等确定，宏观上多为 5～10 年一遇；降雨历时、排除时间和排除程度主要是由作物的种植结构和种类决定。

表 6.5-9　　　　　　　　　　水田旱作治涝标准统计表

作物	省　份	涝区数量	易涝区面积/km²	重现期	暴雨历时/d	排除时间/d
水田	江苏省淮河流域	24	12452	≤5 年一遇	3	4
	安徽省沿江地区	6	5426	10 年一遇	3	3
	广东省	5	360	10 年一遇	1	1～3
	浙江省	1	919	5 年一遇	3	4
旱作	河南省	36	5749	3～5 年一遇	3	2
	吉林省	48	9808	10 年一遇	1	1～2
	山东省	121	11004	3～5 年一遇	1	1～3

　　比较"规模制定法"和"作物种类制定法"，前者综合考虑了易涝区的规模和作物种类，考虑因素更为全面合理，可以适应后期的作物种植结构变化，为将来的发展预留一定的空间，适应性较强。另外，根据我国现状易涝区的治理情况分析，治理标准多是由经验来判定，直观而言，规模较大的易涝区治理标准理应较高，如果单纯根据作物的种类制定治理标准，一旦作物种植结构改变，会造成治理标准和渠系规模的不配套。不同于"规模制定法"，"作物种类制定法"简单易行，操作性强，基本上能够照顾到不同作物的排涝要求，但无法适应后期作物种植结构的变化，适应性受到限制。综合考虑现阶段我国农田治涝的实际情况及有利于标准的社会应用和推广，仍可采用作物种类确定农田的治涝标准。

　　3. 乡镇和村庄

　　乡镇一般人口较集中，地势往往也较高，目前我国乡镇的现状治涝标准的重现期多为10 年一遇。乡镇的治理标准应按低于城市进行制定，综合考虑现状治理标准及乡镇标准与城市、农田的合理协调，制定乡镇的治涝标准为：暴雨重现期为 10 年一遇、降雨历时为 24h、排水历时为 24h、排除程度为地面以下，见表 6.5-10。

表 6.5－10　　　　　　　　　　　　乡镇治涝标准暴雨重现期

防护区	重现期	降雨历时	排除时间	排除程度
乡镇	10 年一遇	24h	24h	地面以下

6.6　推荐指标体系和治涝标准方案

6.6.1　推荐指标体系

1. 农田治涝标准指标体系

综合前述分析，推荐农田治涝指标体系采用 7 项指标，根据其在确定易涝区治理标准中的作用和意义，将 7 项指标划分为两类，即"判别指标"和"影响因子"。

第一类"判别指标"：包括耕地面积、作物种植结构两项指标。

根据耕地面积和作物种植结构两项指标，可直接决定农田的治涝标准，因此推荐"耕地面积"和"作物种植结构"为确定农田治涝标准的判别指标。

第二类"影响因子"：包括自然条件、作物产值（量）、调蓄容积、淹没损失大小、治涝工程投资 5 项指标。

对于农田治涝，在确定农田治涝标准时需综合考虑自然条件、作物产值（量）、调蓄容量、淹没损失大小和治涝工程投资等因素的影响，但由于各地情况的差异，这些因素与治涝标准的关系难以准确定量，因此将这 5 项因素作为提高或降低治理标准的影响因子，在研究确定农田易涝区的治理标准时，可根据各涝区的具体情况和各项因子的影响程度综合判断。

2. 城市治涝标准指标体系

推荐城市治涝指标体系采用 8 项指标，根据其在确定易涝区治理标准中的作用和意义，将 8 项指标划分为两类，即"判别指标"和"影响因子"。

第一类"判别指标"：包括重要性、人口、当量经济规模 3 项指标。

与防洪标准类似，城市的重要性是确定城市治涝标准的一项重要因素，人口数量和当量经济规模则是确定城市治涝标准的重要定量判别指标，这 3 个指标中除对重要性指标要进行定性判断外，其他两个指标均较易获取。因此，采用"重要性""人口"和"当量经济规模"为确定城市治涝标准的判别指标。

第二类"影响因子"：包括自然条件、淹没范围及损失大小、基础设施规模和数量、地区经济实力、投入费用 5 项指标。

自然条件、淹没范围及损失大小、基础设施的规模和数量、地区经济实力、投入与效益等 5 个指标，对确定城市的治涝标准也是非常重要的，但由于各地情况的差异，这些因素与治涝标准的关系难以准确定量，因此将这 5 项因素作为提高或降低治理标准的影响指标。

6.6.2　推荐治涝标准确定方法和方案

1. 城市

（1）根据研究成果，推荐城市治涝标准的暴雨重现期见表 6.6－1。

表 6.6-1   城市防护区治涝标准的暴雨重现期

重要性	常住人口/万人	当量经济规模/万人	治涝标准（重现期/a）
特别重要	≥150	≥300	≥20
重要	<150，≥20	<300，≥40	20~10
一般	<20	<40	10

（2）对于城市涝区，原则上降雨历时规定为 24h，排除时间也为 24h，排除程度应满足城市竖向排水要求。

由于我国南方和北方、东部和西部等地区差别较大，不同地区、不同规模的城市对治涝的要求也不尽相同，因此在制定城市的治涝标准时，应根据实际情况，具体问题具体分析，科学合理地确定城市治涝的降雨重现期、降雨历时和排除时间等。

2. 农田

（1）推荐农田治涝标准的暴雨重现期见表 6.6-2。

表 6.6-2   农田防护区治涝标准的暴雨重现期

耕地面积/万亩	作物区	设计暴雨重现期
≥50	经济作物区	20~10 年一遇
	水稻区	10 年一遇
	旱作区	10~5 年一遇
<50	经济作物区	10 年一遇
	水稻区	10~5 年一遇
	旱作区	10~3 年一遇

（2）推荐农田治涝的降雨历时、排除时间和排除程度见表 6.6-3。

表 6.6-3   农田治涝的设计降雨历时、涝水排除时间及排除程度

作物种类	降雨历时	排除时间	排除程度
经济作物区	24h	24h	田面无积水
旱作区	1~2d	1~3d	
水稻区	2~3d	3~5d	耐淹水深

3. 乡镇

推荐乡镇和村庄的治涝标准为：暴雨重现期为 10 年一遇、降雨历时为 24h、排水历时为 24h、排除程度为地面以下，见表 6.6-4。

表 6.6-4   乡镇和村庄的治涝标准

防护区	重现期	降雨历时	排除时间	排除程度
乡镇和村庄	10 年一遇	24h	24h	地面以下

6.7　指标体系应用验证

6.7.1　农区应用验证

选择黑龙江省和湖北省部分涝区作为农田涝区治涝标准验证案例。

1. 黑龙江省案例

黑龙江省是我国的粮食主产区之一，特别是三江平原的治涝具有一定的特点。以黑龙江省三江平原的五九七农场和建三江大兴农场两个农场为典型易涝区，作为农田治涝指标体系验证实例，以便分析检验农田治涝标准指标体系的适用情况。

（1）基本情况。

黑龙江省三江平原地势平坦，平原低地面积 6.6 万 km^2。平原区地势低洼，地面平缓，河流下游大都为沼泽湿地，泄水能力差，排水出路不畅，加之土壤质地黏重、积水不易下渗，因此春涝、夏秋涝均较严重，受灾面积大、频次多、时间长，基本为 3～4 年一大涝。

三江平原防洪治涝工程自 20 世纪 50 年代开始建设，目前大部分流域已初步建成防洪排涝体系，治涝标准为 3～5 年一遇，其中七星河流域排水能力为干流 3 年一遇、支流 5 年一遇标准。

五九七农场位于完达山麓宝清县境内，行政区隶属黑龙江省农垦总局红兴隆分局，五九七农场七星河流域涝区位于内七星河南岸、三环泡滞洪区上游，总控制面积 48.64 万亩，农作物以旱作为主。

建三江大兴农场涝区位于三江平原挠力河左岸，外七星河下游右岸，隶属黑龙江省国营农垦总局建三江管理局大兴农场，涝区北靠外七星河，东南部边界为挠力河，西部与富锦市接壤。控制面积为 81.15 万亩，农作物以水田为主。

（2）治理标准方案。

1）黑龙江省三江平原水利规划中，根据当地多年治理实践和经验，将五九七农场的治理标准定为 10 年一遇 1d 降雨 2d 排除，大兴农场的治理标准为 10 年一遇 3d 降雨 4d 排除。

2）根据推荐的治涝标准规模确定方法。

按面积，该两个易涝区的耕地面积在"100 万～30 万亩"的范围内，防护等级为Ⅲ级，涝水的重现期选用 5～10 年一遇。

按粮食产量，考虑黑龙江省三江平原的实际情况和其粮食主产区的定位，并兼顾长远发展，其涝水重现期按 10 年一遇较合适。

按作物种类，五九七农场农作物以旱作为主，降雨历时可按 1d 控制，排除时间可按 2d 控制；大兴农场农作物以水田为主，降雨历时和排除时间可适当延长，降雨历时按 3d 控制，排除时间按 4d 控制。

五九七农场以旱地为主，宜采用 1d 降雨 2d 排除至地面以下；大兴农场以水田为主，宜采用 3d 降雨 4d 排除至耐淹水深。

（3）治涝标准方案成果比较。

经比较，按推荐方法提出的指标体系和治涝标准范围与黑龙江省有关规划确定的治理标准基本相同（表 6.7-1），其中大兴农场水田区的各项指标基本吻合；五九七农场面积较小，旱作的耐涝能力较差，选用 10 年一遇治涝标准，可见推荐治涝标准确定方法和指标体系是符合实际的。考虑到三江规划中主要是按区域大范围确定标准，在实际治理时也可以根据不同涝片的具体情况合理确定各涝片的治理标准。

表 6.7-1　　　　　　黑龙江农田典型涝区治理标准实例比较

涝区名称	作物种类	耕地面积/万亩	方案	重现期	降雨历时/d	排除时间/d	排除程度
五九七	旱田	48.64	三江规划	10 年一遇	1	2	地面以下
			推荐方法	3～10 年一遇	1～2	2～3	地面以下
大兴	水田	81.15	三江规划	10 年一遇	3	4	耐淹水深
			推荐方法	10 年一遇	2～3	3～5	耐淹水深

2. 湖北省案例

（1）基本情况。

湖北省以四湖流域中的螺山、小港涝区作为案例。螺山排区位于监利县，总排水面积 935.5km²，耕地面积为 79.04 万亩（其中水田 46.38 万亩、旱田 32.66 万亩）。该排区地势低洼，地面高程 23～28m，自西北向东南方向倾斜，是湖北省监利县地势最低区域。

（2）治涝标准方案。

1）在湖北省有关排涝规划中，确定螺山排区旱田的治涝标准为 10 年一遇 2d 暴雨 2d 排除、水田的治涝标准为 10 年一遇 3d 暴雨 5d 排除。

2）根据表 6.5-5 和表 6.5-8，因螺山排区的耕地面积属于不小于 50 万亩的情况，因此其水稻区治涝标准的设计暴雨重现期可采用 10 年一遇，旱田治涝标准的设计暴雨重现期应为 10～5 年一遇；降雨历时水稻为 2～3d、旱田为 1～2d；排除时间水稻为 3～5d、旱田为 1～3d。综合分析后采用表 6.7-2 的标准。

表 6.7-2　　　　　　按研究方法确定的螺山排区治涝标准

作物种类	重现期	降雨历时/d	排除时间/d	排除程度
旱作	10 年一遇	2	2	田面无积水
水稻	10 年一遇	3	5	耐淹水深

由此可见，根据指标体系确定的螺山排区的治涝标准与湖北省现有规划确定的有关标准是一致的。

6.7.2　城市应用验证

采用广东省广州市亚运城和佛山市、梅州市的有关涝区作为城市治涝标准验证案例。

1. 广州市亚运城案例

选择广州市番禺区亚运城作为城市治涝典型区，进行城市治涝指标体系应用验证。

（1）基本情况。

亚运城位于广州市番禺区石楼镇中心以南，属广州新城启动区，毗邻莲花山水道，与海鸥岛隔河相望。内涝整治区包括亚运城上游区、亚运城以及亚运城下游区，涉及番禺区石楼镇的南浦、海傍、赤山东、赤岗、裕丰、南派 6 个村，涝区面积为 10.72km²，区内有村民居住地和农田、鱼塘，其中水田耕地面积约 4.34km²，鱼塘面积 1.69km²，河涌调蓄水域面积 0.32km²，涝区水面率为 18.8%，地面高程 5.6~4.8m，居住人口约 9211人，地区生产总值 4.08 亿元，工农业总产值 8.96 亿元，全社会从业人员年人均收入约 2.4 万元。

（2）治理标准方案。

1）城市规划标准。番禺区以往农业排涝标准为 5~10 年一遇，涝水排除时间也较长。根据城市规划将该区域改为亚运城区后，土地利用方式和下垫面发生改变，经济快速发展，排涝任务将由过去以农田排涝为主转为以城市排水为主，因此广州市亚运城的规划排涝标准为"20 年一遇 24h 设计暴雨遭遇外江多年平均最高高潮位 24h 排完不成灾"。

2）按推荐方法确定标准。广州市番禺区亚运城防护区的人口为 9211 人，根据表 6.6-1，人口数量小于 20 万人城市的治涝标准可采用 10 年一遇，但考虑到该涝区为亚运城所在地，重要性显著，一旦受灾可能造成较大的政治影响和社会影响，因此，治理标准的暴雨重现期可适当提高到 20 年一遇，降雨历时和涝水排除时间可按 24h 确定。

同时考虑到该涝区的排水还受到风暴潮的影响，在排涝期还需考虑外江高潮位的顶托影响，因此该涝区的治理标准可确定为"20 年一遇 24h 设计暴雨遭遇外江多年平均最高高潮位 24h 排除"。

综上可见，按推荐方法确定的亚运城治涝标准与当地规划排涝标准是一致的。

2. 佛山市和梅州市案例

（1）佛山市禅城区

该区域人口为 110 万人，按表 6.6-1，介于"<150 万人，≥20 万人"之间；当量经济规模介于"<300 万元，≥40 万元"之间；治涝标准的暴雨重现期可为"20~10 年一遇"，取"20 年一遇"。根据有关降雨历时和排除时间的规定，佛山市禅城区的治涝标准应采用"20 年一遇 24h 设计暴雨 24h 排除"。

该标准与佛山市有关涝区治理规划确定的排涝标准一致。

（2）梅州市东湖涝区。

该区域人口为 8 万人，按表 6.6-1，属于"<20 万人"范畴；GDP 为 4 万元，属于"<40 万元"范畴；治涝标准的降雨重现期应采用"10 年一遇"。根据有关降雨历时和排除时间的规定，梅州市东湖涝区的治涝标准应为"10 年一遇 24h 设计暴雨 24h 排除"。

该标准与梅州市有关涝区治理规划确定的排涝标准一致。

6.7.3 应用验证结论

综上所述，通过对农田和城市的实例验证，按推荐的治涝标准指标体系和方法分析确定的涝区治涝标准与目前各地有关规划中提出的设计治涝标准基本一致，说明指标体系的研究成果是符合实际和经得起实际检验的，具备较强的适用性和可操作性。

6.8 小结

6.8.1 主要结论

（1）目前我国各地农田的排涝标准有所不同，与其地理位置、所处流域、地形地貌、作物种植结构、地方经济水平等有关，但总体而言标准不高，除部分地区的高标准农田可以达到10年一遇外，大部分易涝地区农田的治涝标准为3~5年一遇。

我国城市的现状排涝标准多为10~20年一遇24h暴雨24h排除。

（2）农田治涝标准可按"重现期＋降雨历时＋排除时间＋排除程度"的方式进行表述，湖泊率、排水方式等可作为治涝标准的辅助条件予以考虑；城市的治涝标准也可采用"重现期＋降雨历时＋排除时间＋排除程度"的表达方式。

（3）影响农田治涝标准的主要因素有自然条件、耕地面积、作物种类、作物产量（值）、调蓄容量、淹没损失大小、工程投资等，其中耕地面积和作物种类是确定农田治涝标准的判别指标，其他因素可在确定标准时综合考虑。影响城市治涝标准的主要因素有重要性、人口数量、基础设施规模和数量、自然条件、淹没范围及损失大小、地区经济实力、投入与效益等，其中重要性、常住人口和经济实力（当量经济规模）是确定城市治涝标准的判别指标，其他因素可在确定标准时综合考虑。

（4）城市治涝标准的重现期可根据城市的"重要性""人口"和"当量经济规模"3个指标确定，降雨历时原则上规定为24h，排除时间为24h。

农田治涝标准的重现期可根据"耕地面积"和"作物种类"确定，降雨历时为1~3d，排除时间为2~4d。当易涝区内有湖泊、洼地等调蓄水体时，可适当延长排水历时。

6.8.2 今后工作建议

以往我国在治涝方面缺乏系统和深入的研究，相关成果和资料较少，且经常将"涝灾"归并到"洪灾"一类，甚至关于"涝"的定义也多种多样，并不统一，致使研究难度很大。在现有的资料条件和薄弱的基础下，本专著对治涝的一些基础性问题和方法等进行了深入的探讨和研究，取得了一定的成果。但基于种种原因，仍有一些不足，有待于今后进一步深入研究。

1. 加强治涝基础研究

基础研究是涝灾治理的技术支撑，没有基础研究，涝灾治理将缺乏科学性、系统性和合理性，从而导致涝灾治理的盲目性和任意性，因此必须加强治涝的基础研究。首先应做好涝灾统计工作，对涝灾和洪灾进行分别统计，这是涝灾研究的一个最基本要求；另外还需要加强涝灾治理方法及措施、排涝工程布局、涝灾防治及预警等方面的研究。

2. 适时完善防护区的治理标准

目前我国即便是特大城市的治涝标准也不高，多为20年一遇，中小城市则多为10年一遇或更低，这导致不同防护等级城市的治理标准难以区别对待，为了增强标准的适应性，只能把不同等级城市的治理标准进行归并，笼统处理，实际上不同等级和规模的城市，其治涝标准应有所区别。此外，对于以降雨表示的情况，由于"重现期""降雨历时"和"排除时间"3项指标可以出现多种组合结果，导致结果可能多种多样。对于上述问题，建议今后根据实际应用情况，对不同等级和规模城市的治涝标准进行深入的细化研究；对于不同因素的组合进行研究，提炼出一般的组合原则，用于指导实际应用。

对于农田易涝区的治理标准也存在上述问题，今后也应不断总结实践经验进行完善。

3. 加强经济指标的分析研究

经济指标对于治涝标准的制定具有重要的作用和意义。由于经济指标与易涝区的经济实力及治涝投入效益有关系，因而可能影响到易涝区的治理标准，经济指标较好，反映经济实力较高、治涝投入效益较好，则可以适当提高治理标准。对城市而言，经济指标采用当量经济规模，对于农田，经济指标采用单位产值或产量较为合理。由于目前关于易涝区农田的经济指标难以获取，因此对于农田的治涝标准，暂不考虑经济指标。另外，对于城市采用经济指标的处理是否合适尚待实践检验，今后可对在治涝标准中考虑经济指标作进一步的深入研究。

参 考 文 献

［1］ 中国气象局．近年极端强降水洪涝事件．［2016-03-19］．https：//www.sohu.com/a/64270922_117884.

［2］ 洪涝灾害成全球性问题．［2016-07-06］．http：//news.k618.cn/zxbd/201607/t20160706_7991279.html.

［3］ 吕永鹏，陈嫣，贺晓红，等．发达国家和地区的城市排水系统技术和标准体系借鉴．全国给水排水技术信息网41届技术交流会论文集，2013.

［4］ PUB，Code of Practice on Surface Water Drainage（Sixth Edition）［M］．Singapore，2011.

［5］ ASCE/EWRI 45-05，Standard Guidelines for the Drainage of Urban Stormwater Systems［S］．USA：ASCE，EWR，2005.

［6］ 王磊，周玉文．国内外城市给排水设计规范比较研究［J］．中国给水排水，2012，28（8）：23-25.

［7］ Melbourne Water.WSUD Engineering Procedures：Stormwater［M］．Melbourne，Australia：CSIRO publishing，2005.

［8］ 中华人民共和国国家标准．GB 50201—2014防洪标准［S］．北京：中国计划出版社，2014.

［9］ 国家防汛抗旱总指挥部办公室，水利部南京水文水资源研究所．中国水旱灾害［M］．北京：中国水利水电出版社，1997.

［10］ 水利电力部水利水电规划设计院，长江流域规划办公室．水利动能设计手册治涝分册［M］．北京：水利电力出版社，1988.

［11］ 青木．德国下水道旅游新热点．环球时报，2012年8月13日．第2805期.

［12］ 中华人民共和国水利部．SL 723—2016治涝标准［S］．北京：中国水利水电出版社，2016.

［13］ 中华人民共和国国家标准．GB 50288—99灌溉与排水工程设计规范［S］．北京：中国计划出版社，1999.

第 7 章

治涝区划和分类方法

7.1 问题的提出

制定治涝标准，首先要摸清全国易涝区分布、涝区特点（地理、气象等自然条件，经济、社会、环境等影响因素）、受涝程度及损失等基本情况。因此，涝区范围的界定和分区划定是治涝标准研究中的重要内容，治涝区划也是治涝规划的基础，在一定程度上决定着治涝工程布局、工程规模和投资，在治涝规划工作中也有着重要作用。

进行治涝区划，一方面，可根据致涝的自然条件和经济社会因素，在全国范围内找出易涝区域，摸清其分布范围；另一方面，对于全国易涝区域在致涝条件相似性和差异性分析基础上，按一定的原则和标准对全国涝区进行区划和片区分类，可以为治涝基础研究提供技术支撑；还可以根据区划和片区分类，分清涝情的轻中重层次，为各级政府开展涝区治理规划和突出重点、按轻重缓急安排治理，以及加强涝区管理提供依据，对保障涝区经济社会可持续发展和国家粮食安全具有重要意义。

7.2 技术路线和方法

7.2.1 技术路线

通过函调、网络检索和现场调研等多种形式开展国内外治涝区划相关资料的调研工作，收集相关行业（专业）区划原则、程序、方法和成果等资料，作为治涝区划研究的参考；按不同地域选择典型区，研究提出治涝区划方法和指标体系，进行治涝区分类；召开专家咨询、讨论会，收集相关专家意见和建议，修改完善专题的研究成果和内容。

7.2.2 研究方法

收集不同地区可能与治涝区划有关的论文和参考文献、资料，并进行分析对比，找出不同地区治涝区划的异同，总结可能有的治涝区划及分类方法和应考虑的因素；分析收集到的相关行业（专业）区划原则、程序、方法和成果等资料，研究总结各区划的特点、划分原则和方法及其异同，开拓治涝区划方法研究思路；提出治涝区划原则、方法，考虑按不同地域选择典型区，进行治涝区划分；提出治涝区划分类指标体系，进行典型区涝区分类；通过专家咨询、讨论收集到的意见和建议，修改完善专题的研究成果和内容。

由于全国性的治涝区划国内尚无先例，因此基本没有研究基础，工作难度较大。本着实事求是的科学态度，从实际出发，正确认识涝区的异同，收集全国范围内涝区的有关水文形势、自然地理条件、实际受涝情况和社会经济情况等资料。搜集相关其他行业区划——农业区划、水土保持区划、主体功能区划等各类区划中的定义、原则、方法、成果等相关内容，作为治涝区划研究的参考。

7.3 其他行业（专业）区划定义

选择收集了全国农业区划、综合自然区划、植被区划、土壤区划、水利区划、水土保持区划、重要江河水功能区划、主体功能区划、生态功能区划9个其他行业或专业的全国性区划成果进行分析和借鉴。

1. 农业区划

根据农业资源情况，从自然、经济、技术等方面揭示农业资源的时空分布规律和农业生产的地域分工规律，目的是研究区域资源的优势、劣势、生产发展潜力，按市场需要论证其生产方向和任务，调整农业产业结构与布局，合理配置农业资源，因地制宜、分区分类指导农业生产发展和农村宏观发展决策。

2. 综合自然区划

以地域分异规律为指导，根据自然地理综合体的相似性和差异性逐级进行区域划分或合并，并根据其相似性程度和差异性程度排列成一定的区域等级系统。

3. 植被区划

在一定地段上依据植被类型及其地理分布的特征等划分出高、中、低各级植被组合单位。

4. 土壤区划

根据土被或土壤群体在地面组合的区域特征，按其相似性、差异性和共轭性进行地理区域上的划分，即根据各地区土被结构、分布规律、发生特性以及资源评价和生产性能，将具有相同和共轭关系的群体组合占据的区域划为一个"土区"，与相异的地域区分开，并根据差异程度大小，在不同级别中予以反映，成为一个多等级的区划系统。

5. 水利区划

以水资源的开发利用条件为主，考虑地形地貌、水文气象及自然灾害规律的相似性，并在一定程度上照顾流域界限与行政界线而进行的分区。其目的是找出地域差异规律，并根据各分区的水利条件，因地制宜地确定治理开发方向与战略重点，以指导水资源的利用。

6. 水土保持区划

主要依据中国地貌区划二级分区和中国气候区划、土壤侵蚀分类分级标准、中国植被区划等，按照"从源（考虑成因、发生、发展和共轭关系）、从众（考虑综合性和完整性）、从主（考虑典型性和代表性）"的基本思想，遵循区内相似性和区间差异性，主导因素和综合性相结合，区域共轭性与取大去小，以地带性因素为主，兼顾非地带性因素，定量研究与定性分析相结合，自上而下与自下而上相结合等原则进行区划。

7. 重要江河水功能区划

以水资源承载能力与水环境承载能力为基础，以合理开发和有效保护水资源为核心，以改善水资源质量、遏制水生态系统恶化为目标，按照流域综合规划、水资源保护规划及经济社会发展要求，从我国水资源开发利用现状、水生态系统保护状况以及未来发展需要出发，科学合理地划定水功能区，实行最严格的水资源管理，建立水功能区限制纳污制度，促进经济社会和水资源保护的协调发展，以水资源的可持续利用支撑经济社会的可持续发展。坚持可持续发展、统筹兼顾和突出重点相结合，水质、水量、水生态并重，尊重水域自然属性的原则进行区划。

8. 主体功能区划

树立新的开发理念，调整开发内容，创新开发方式，规范开发秩序，提高开发效率，构建高效、协调、可持续的国土空间开发格局，建设中华民族美好家园。

9. 生态功能区划

全国生态功能区划是在全国生态调查的基础上，分析区域生态特征、生态系统服务功能与生态敏感性空间分异规律，确定不同地域单元的主导生态功能，提出全国生态功能区划方案。遵循原则如下。

（1）主导功能原则。生态功能的确定以生态系统的主导服务功能为主。在具有多种生态服务功能的地域，以生态调节功能优先；在具有多种生态调节功能的地域，以主导调节功能优先。

（2）区域相关性原则。在区划过程中，综合考虑流域上/下游的关系、区域间生态功能的互补作用，根据保障区域、流域与国家生态安全的要求，分析和确定区域的主导生态功能。

（3）协调原则。生态功能区的确定要与国家主体功能区规划、重大经济技术政策、社会发展规划、经济发展规划和其他各种专项规划相衔接。

7.3.1　其他行业（专业）区划原则与方法

1. 农业区划

常用的是定性分析分区法和定量分区法。定性分析分区法包括主导因素分析法、区域对比法、地图叠加法、综合平衡法等；定量分区法比较常用的方法有聚类分析法和模糊聚类法。

定性方法是在掌握一定资料和数据基础上，依据区划的目的，确定分区原则和指标体系或绘制有关指标的单因子分区图，相互叠加进行分区，对分区中存在的不确定边界或有争议的分区界线，运用已有的经验，在实地调查和综合分析的基础上加以调整和完善。

定量方法主要是根据分类单元及其指标体系所含特征量，经过数学处理，对研究地区进行分区划片。其程序是：首先根据区划目的，罗列出相关因素；接着针对各因素对农业生产影响的重要程度，确定各相关因素的权重；然后进行聚类，聚类既可从上到下分解，将全体分类单元视为一类，然后将差异最大的类分开；也可自下而上聚合，即把相似程度最大的合为一类，使类数目减少；最后，将聚类结果放到实际中检验和调整。

2. 土壤区划

土壤区划分为全国性、省级、大区和地区、县级以及特定目的的或土壤改良利用区划，还有林业、牧业、工程建筑、环境等土壤区划。省或特定地区的土壤区划，可细分为亚土区、小区和土片等续分单元。县的区划一般分为两级。

3. 水利区划

区划原则主要有自然条件的相似性、发展方向的相似性、行政区划的完整性及排灌工程布局的完整性等。区划方法则首先是调查研究和资料整理；然后是根据调查了解和分析资料的初步印象，由规划人员进行分析和判断，作出初步分区；第三步是分析研究各分区的水资源开发利用条件，水资源供需预测和规划新建工程的条件，对初步分区进行调整，并按其特点命名；第四步是分析各区存在问题，结合本区自然和经济特性，研究综合治理开发的要求；第五步是根据问题与要求，考虑技术可能、经济合理，拟定分区规划目标与治理开发方向。

4. 水土保持区划

原则包括区内相似性和区间差异性原则以土壤侵蚀区划为基础的原则、按主导因素区划的原则、自然界与行政区界相结合的原则、自上而下与自下而上相结合的原则；方法则是调查、研究、资料分析、综合归纳总结。

5. 生态功能区划

原则包括主导功能原则、区域相关性原则、协调原则、分级区划原则；方法是在生态现状调查、生态敏感性与生态服务功能评价的基础上，分析其空间分布规律，确定不同区域的生态功能，提出全国生态功能区划方案。

从上面分析可以看出，总体而言，区划可以理解为对区域的划分，泛指各种区域的划分。虽然区划的对象不同，但均不失为科学认识区划对象，为经济社会发展服务。区划既是区域划分的成果也是区域划分的方法与过程。目前所涉及的基本是自然区划（部门区划包含在内），自然区划一般以地域分异规律为理论基础，确定不同的理论和方法论准则，也即划分原则作为指导思想，并指导选取区划指标、建立等级系统、采用不同方法。区划的基本条件是统一的发生学联系、完整毗连的空间和相对一致的整体特征。划分依据是相似性和差异性（类聚和群分）。区划的原则有许多种提法，如地带性与非地带性原则、发生学原则、综合性原则、生物气候原则、主导因素原则等。

区划方法包括"自上而下"和"自下而上"两种。区划原则和区划方法是紧密联系的，且都是互补的，互不排斥，不同原则有不同的适用范围。

贯彻发生统一性原则——用古地理法（历史检验法）。

贯彻相对一致性原则——用顺序划分和合并法（类比区划法）。

贯彻区域共轭原则——采用类型制图法。

贯彻综合性原则——采用部门区划选置法（图幅叠合法）和地理相关分析法（网格分析法）。

贯彻主导因素原则——采用主导标志法。此法是经常运用的区划方法。通过综合分析选取某种反映地域分异主导因素的自然指标作为划定区界的依据。

7.3.2　其他行业（专业）区划成果

1. 全国农业区划

全国农业区划把全国划分为 10 个一级区和 38 个二级区。

2. 全国综合自然区划

把全国分为 3 个一级区（东部季风区、西北干旱区、青藏高寒区）和 14 个二级区。区划仅分到二级，区划成果见图 7.3-1。

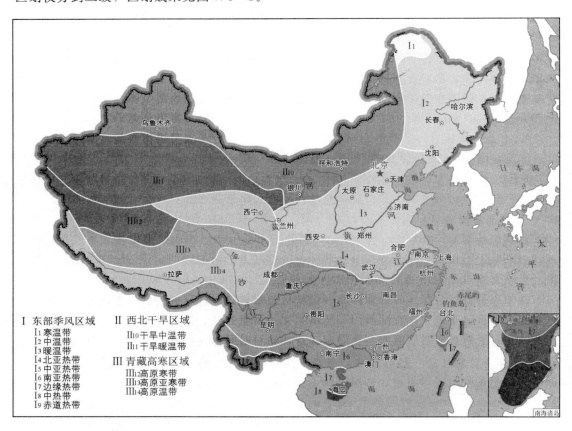

图 7.3-1　中国综合自然区划图

资料来源：《中国农业区划的理论与实践》

3. 全国水土保持区划

全国水土保持区划采用三级分区体系；一级区为总体格局区；二级区为区域协调区；三级区为基本功能区。全国共划分为 8 个一级区，41 个二级区，114 个三级区（台湾省待划分）。

4. 全国重要江河水功能区划

水功能区划分为两级体系，即一级区划和二级区划。一级水功能区分四类，即保护区、保留区、开发利用区、缓冲区。二级水功能区将一级水功能区中的开发利用区具体划分为饮用水源区、工业用水区、农业用水区、渔业用水区、景观娱乐用水区、过渡区、排污控制区七类，见图7.3-2。

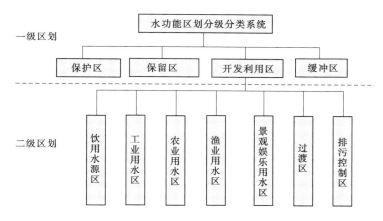

图 7.3-2 全国水功能区划体系框图

5. 全国主体功能区划

将我国国土空间分为以下主体功能区：按开发方式，分为优化开发区域、重点开发区域、限制开发区域和禁止开发区域；按开发内容，分为城市化地区、农产品主产区和重点生态功能区；按层级，分为国家和省级两个层面。体系见图7.3-3。

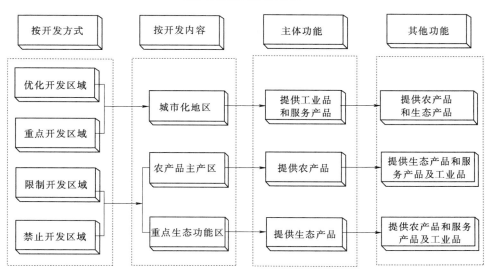

图 7.3-3 全国主体功能区划体系框图

6. 全国生态功能区划

全国生态功能一级区共有 3 类 31 个区，包括生态调节功能区、产品提供功能区与人居保障功能区。生态功能二级区共有 9 类 67 个区。其中，包括水源涵养、防风固沙、土壤保持、生物多样性保护、洪水调蓄等生态调节功能，农产品与林产品等产品提供功能，以及大都市群和重点城镇群人居保障功能二级生态功能区。生态功能三级区共有 216 个，见全国生态功能区划体系表（表 7.3-1）。

表 7.3-1　全国生态功能区划体系表

生态功能一级区 （3 类）	生态功能二级区 （9 类）	生态功能三级区举例 （216 个）
生态调节	水源涵养	大兴安岭北部落叶松林水源涵养
	防风固沙	呼伦贝尔典型草原防风固沙
	土壤保持	黄土高原西部土壤保持
	生物多样性保护	三江平原湿地生物多样性保护
	洪水调蓄	洞庭湖湿地洪水调蓄
产品提供	农产品提供	三江平原农业生产
	林产品提供	大兴安岭林区林产品
人居保障	大都市群	长三角大都市群
	重点城镇群	武汉城镇群

7. 其他区划

全国植被区划、全国土壤区划、全国水土保持区划、全国生态功能区划、中国大陆干湿地区划分图、中国大陆年降水量分布区划、中国渍害区划等成果图未附，可在上网查找找到相关内容。

7.4　治涝区划原则和方法

7.4.1　治涝区划确定原则

从上述诸多区划可见，区划原则基本上遵循自然分异规律。治涝区划是针对治涝这一特定对象而进行的地域和区域的划分，涝的成因与地形地势、气候特征、土壤性质等因素紧密相关，上述影响因素仍属于自然地理环境范畴，当以自然地理环境的综合特征为背景，适当考虑社会因素，因此，仍遵循自然区划的地域分异规律，在研究范围内根据自然地理综合体的相似性和差异性进行区域划分，即治涝区划要遵循发生统一性原则、相对一致性原则、空间连续性原则、综合性原则和主导性原则。

综合以上因素，在研究治涝区划方法时主要考虑以下原则。

（1）区内相似性和区间差异性。

即同一区域（区划）中的样本其自然条件、社会经济条件、致涝原因、治涝措施具有明显的相似性；而不同的区域（区划）中的样本的上述特征则具有明显的差异性，相似性和差异性可以用定量指标或定性指标描述。

（2）同一区内河流水系、行政区划应大致完整。

（3）区域完整、连续。

（4）主导因素划分原则。在众多分区指标中以主导指标因素为主进行划分。

（5）与相关区划协调。

7.4.2 治涝区划划分方法

采用"自上而下"划分的方法，仅在全国范围内划分国家级或至大流域（跨省市）级、省级，不再细分至地、县；可以采用"自下而上"的划分方法进行修正。

首先划分一级区，主要考虑成灾因素中自然条件，如气候（降雨时间及降雨量）、地形地貌以及地域差异，考虑我国自然环境宏观地域分异规律，并注意与农业区划以及综合自然区划的协调；其次划分二级区，综合考虑降雨分布和地形地质条件以及我国经济社会发展不均衡的特征，考虑流域或行政区域的完整性，按流域或行政区域划分；三级区划则进一步考虑水系的完整性，按水系或沿用的区域划分；四级区采用最基本的单元样本，即按涝区划分。

7.4.3 治涝区划框架结构

根据我国气候、降水量、地形地貌特点及初步调查情况，易涝区大都分布在我国的东部、南部地区。初拟治涝区划整体框架见表7.4-1至表7.4-3。

表7.4-1　　　　　　　　参考方案：5个一级区，二级区按流域划分

序号	一级区	二级区（按流域）	三级区（按水系、片区）	四级区（水系）	分类
1	东北平原区	三江平原区	松花江、乌苏里江、黑龙江及其支流形成的冲积平原区，兴凯湖冲积、湖积平原区……	梧桐河等	根据受灾轻重程度、经济损失值划分
		松嫩平原区	松花江中游平原区、第二松花江山前河谷冲积平原区……	……	
		辽河下游平原区	辽河下游平原区……	……	
2	黄淮海平原区	海河平原区	黑龙港运东平原（黄河冲积平原）、清南清北平原（黄河冲积平原）、马颊河与徒骇河（黄泛区）、卫河平原（黄泛区）……	……	
		黄河平原区	……	……	
			……	……	
		淮河平原区	淮北平原……	……	
			滨湖洼地……	……	
			沿江平原洼地……	……	

续表

序号	一级区	二级区（按流域）	三级区（按水系、片区）	四级区（水系）	分类
3	长江中下游平原区	江汉平原区	荆北区（四湖区）、洞庭湖区（湖北部分，亦称荆南区）、汉北区、汉南区、武汉附近江北区、武汉附近江南区、黄广华阳区……	……	根据受灾轻重程度、经济损失值划分
		洞庭湖滨湖地区	洞庭湖平原……	……	
		鄱阳湖滨湖地区	湖盆区、五河尾闾区和沿江排区……	……	
		沿江圩区	长江以北 3 片，为安庆片、巢湖片和滁州片；长江以南 3 片，为池州片、铜陵片和三江片（即水阳江、青弋江、漳河）……	……	
		南通地区	江苏省长江以北的部分地区，北以通扬公路—如泰运河一线为界，南至长江，西起芒稻河，东临黄海……	……	
		长江口三岛地区	崇明岛片、长兴岛片、横沙岛片……	……	
		山丘区	湖北省汉江中游区和西南山丘区，湖南省洞庭湖区范围以外的湘江、资水、沅江、澧水和汨罗江流域的沿岸重要集镇及大片农田，江西省赣、抚、信、饶、修五河丘陵区，安徽省 5 个大型灌区及部分中小型水库灌区、引提灌区和其他零星分布的易涝区域……	……	
4	华南平原区	珠江三角洲区	西、北、东三江淤积平原区……	……	
5	其他地区	四川盆地、福建等	四川盆地、福建沿海地区、陕西渭河平原、黄河河套平原、广西部分地区……	……	

表 7.4 - 2　参考方案：6 个一级区，二级区按省区划分，三级区按水系、涝区

序号	一级区	二级区（按省区划分）	三级区（水系，涝区）	四级区（涝区）	分类
1	东北平原区	黑龙江	三江平原松花江，乌苏里江，黑龙江；松嫩平原嫩江	梧桐河、挠力河	根据受灾轻重程度、经济损失值划分
		吉林	松嫩平原……	……	
		辽宁	辽河下游平原……	……	
2	华北平原区	河北省	黑龙港运东、运东滨海区、老小漳河区、老沙河区、东风总干渠以西、滏西区、漳滏区间、淀西地区、清南地区、清北地区……	……	
		山东省	徒骇马颊河、宣惠河、小清河……	……	
3	淮河中下游平原区	河南省	沿淮圩区洼地，小洪河下游洼地，颍河、贾鲁河下游和新运河洼地，惠济河洼地，泥河洼地和滞洪区洼地；卫南平原、沿淮、洪汝河、涡惠河、沙颍河、沁河、金堤河……	……	
		安徽省	沿淮湖洼地、淮北平原洼地、淮南支流洼地、分洪河道两岸洼地和行蓄洪区洼地共五片	谷河、洪河	
		江苏省	里下河地区、白马湖宝应湖地区、南四湖西洼地、徐州市废黄河洼地、沿运洼地、邳苍郯新洼地、分洪道洼地及渠北洼地、行蓄洪区的洪泽湖周边洼地、鲍集圩和黄墩湖滞洪洼地共 11 个区域……	……	

序号	一级区	二级区 （按省区划分）	三级区（水系，涝区）	四级区 （涝区）	分类
4	长江中下游平原区	湖南省	长江流域、洞庭湖区的……	……	根据受灾轻重程度、经济损失值划分
		湖北省	荆北区、荆南区、汉北区、汉南区、武汉附近江北片、武汉附近江南片、黄广、华阳的……	……	
		江西省	鄱阳湖周边地区、五河尾闾地区、沿江圩区的……	……	
		安徽省	沿江圩区的……	……	
		江苏省	长江流域的苏北沿江地区、滁河地区、秦淮河地区、石白湖固城湖地区；太湖流域的湖西区、武澄锡虞区、阳澄淀泖区和太浦河以南属杭嘉湖区的浦南区以及太湖湖区	……	
		浙江省	杭嘉湖、萧绍、甬江、温黄、永乐、温瑞、瑞平、南港平原，浦阳江诸暨盆地、金衢盆地、嵊州盆地	……	
5	珠江三角洲区	广东省	西江、北江、东江的……	……	
		广西壮族自治区	广西北部地区的……	……	
6	其他地区	福建省	福建中、北部沿海地区、福建西部和北部地区的……	……	
		陕西省	渭河的……	……	
		四川省	四川盆地东部、北部、西部的……	……	

表 7.4-3 推荐方案：7 个一级区，二级区按省区划分，三级区按水系或区域划分

序号	一级区	二级区 （按省区划分）	三级区（水系，特定区域）	四级区（涝区）	分类
1	东北平原区	黑龙江	三江平原松花江、乌苏里江、黑龙江；松嫩平原××河……	梧桐河、挠力河中游涝区、下游涝区	根据受灾轻重程度、经济损失值划分
		吉林	松嫩平原嫩江片、二松××水系、松干……	……	
		辽宁	辽河下游平原、太子河……	……	
2	华北平原区	河北省	海河流域××水系、黄河流域××水系……	黑龙港运东、东滨海区、滏西区……	
		河南省	海河流域卫河水系、黄河流域××水系……	沁河、金堤河……	
		山东省	海河流域徒骇河、马颊河，黄河流域××水系、淮河流域××水系，独立入海××、××水系……	宣惠河、小清河……	
3	淮河中下游平原区	河南省	淮河流域沿淮圩区洼地、小洪河下游洼地、颍河、贾鲁河下游和新运河洼地，惠济河洼地，泥河洼地和滞洪区洼地；卫南平原、沿淮、洪汝河、涡惠河、沙颍河	……	
		安徽省	沿淮湖洼地、淮北平原洼地、淮南支流洼地、分洪河道两岸洼地和行蓄洪区洼地共 5 片	谷河、洪河	

序号	一级区	二级区（按省区划分）	三级区（水系，特定区域）	四级区（涝区）	分类
3	淮河中下游平原区	江苏省	沂沭泗水系、废黄河独立排水区、淮河水系……	里下河地区、白马湖宝应湖地区、南四湖湖西洼地、徐州市废黄河洼地、沿运洼地、邳苍郯新洼地、分洪道洼地及渠北洼地、行蓄洪的洪泽湖周边洼地、鲍集圩和黄墩湖滞洪区共 11 个区域……	根据受灾轻重程度、经济损失值划分
4	长江中游区	湖南省	长江流域干流、湘江水系、××水系、洞庭湖区……	……	
		湖北省	××水系，××水系……	荆北区、荆南区、汉北区、汉南区、武汉附近江北片、武汉附近江南片、黄广、华阳……	
		江西省	赣江水系××河，鄱阳湖周边地区、五河尾闾地区、沿江圩区……	……	
5	长江下游平原区	安徽省	长江流域干流沿江圩区、××水系……	……	
		江苏省	长江流域的苏北沿江地区、滁河地区、秦淮河地区、石白湖固城湖地区；太湖流域的湖西区、武澄锡虞区、阳澄淀泖区和太浦河以南属杭嘉湖区的浦南区以及太湖湖区	……	
		浙江省	钱塘江水系、太湖水系、甬江……	杭嘉湖、萧绍、甬江、温黄、永乐、温瑞、瑞平、南港平原，浦阳江诸暨盆地、金衢盆地、嵊州盆地……	
6	珠江三角洲区	广东省	西江、北江、东江水系……	……	
		广西壮族自治区	柳江、西江水系……	……	
7	其他地区	福建省	闽江、晋江水系……	……	
		陕西省	渭河水系……	……	
		四川省	长江流域××水系、××水系	……	
		其他省			

7.5　治涝区划初步成果

初步拟定我国涝区区划体系，层级划分为四级，即一级区、二级区、三级区和四级区。

7.5.1　一级区划（一级区）

根据我国气候及地形地貌特点、涝区分布、涝灾成因等，将全国划分为 7 个一级区，分别为东北平原区、华北平原区、淮河中下游平原区、长江中游区、长江下游平原区、珠江三角洲区和其他地区等。

另外，还研究了多个一级区划的划分方案，如将全国划分为 5 个一级区，即东北平原区、黄淮海平原区、长江中下游平原区、华南平原区和其他地区；以及 6 个一级区，即东北平原区、华北平原区、淮河中下游平原区、长江中下游平原区、珠江三角洲区和其他地区等。

最终，经综合分析比较确定采用前述的 7 个一级区的划分方案和成果。

7.5.2 二级区划（二级区）

在一级区的基础上，研究了按"流域＋大区域片"或按"省级行政区"划分二级区的两个方案。

方案 1：按流域＋大区域片可划分为三江平原、松嫩平原、辽河下游平原、海河平原、黄河平原、淮河平原、江汉平原、洞庭湖滨湖地区、鄱阳湖滨湖地区、沿江圩区、南通地区、长江口三岛地区、山丘区、珠江三角洲、四川盆地等 15 个片区。

方案 2：按省级行政区划分可分为黑龙江省、吉林省、辽宁省、河北省、河南省、山东省、安徽省、江苏省、湖南省、湖北省、江西省、浙江省、广东省、广西壮族自治区、四川省、福建省、陕西省等若干片区。

7.5.3 三级区划（三级区）

在二级区划的基础上，按较大水系、特定区域的完整性划分三级区。按较大水系分，如安徽省的沿淮洼地、沿江涝区等；按特定区域分，如黑龙江省三江平原、湖南省洞庭湖滨湖圩区等，区域面积较大，以下还可以拆分成若干个独立涝区。

7.5.4 四级区划（涝区）

在三级区划的基础上，按地理位置、行政区划、河流水系、排水体系、管理体制等各种因素划分涝区。

7.6 涝区分类方法初步研究（按重中轻、按地理类型）

各地、各涝区的治涝工程体系、作物耐涝能力和涝灾损失程度不同，治理的轻重缓急应有所区别，因此，对统计的四级区涝区，需提出涝区分类指标进行涝区分类。研究了以涝区水文情势、自然地理条件和实际受涝情况，涝灾成因等因素；以涝区的社会属性，涝区的地形地貌、地理位置及其与周边河流水系的水力联系等诸多因素分类的可能性与合理性和在全国范围内的适应性，重点介绍按涝区地理特征和按涝区涝灾损失程度进行分类两个分类指标。

1. 按地理特征进行分类

首先分析各涝区水文情势、自然地理条件和实际受涝情况等特点，按地理特征进行分类。

淮北平原、松嫩平原、三江平原、辽河平原、海滦河流域中下游平原、江汉平原涝区共同的特点是均位于大江大河中下游的冲积或洪积平原，地域广阔，地势平坦，虽有排水系统和一定的排水能力，但在较大降雨情况下，往往因坡面漫流或洼地积水而形成涝灾。

江汉平原、海河流域的清南清北地区、湖北省平原洼地、江苏省里下河地区等涝区共同特点是分布在沿江、河、湖、海周边的低洼地区，因受河、湖或海洋高水位的顶托，自排排水受阻或失去自排能力，或排水设备动力不足而形成涝灾。

太湖流域的阳澄淀泖地区、淮河下游的里下河地区、珠江三角洲、长江流域的洞庭湖、鄱阳湖滨湖地区等涝区的共同特点是位于江河下游三角洲或滨湖冲积、沉积平原，水网密布，水网水位全年或汛期超出耕地地面，因此必须筑圩（垸）防御，并依靠排水设备动力排水。

因此，初步确定以地形地貌、排水条件为涝区分类指标，将涝区按平原坡地、平原洼地、水网圩区等类型归类，见表 7.6 - 1。

表 7.6 - 1　　　　　　　　　　以地形地貌、排水条件为指标分类

地形地貌、排水条件	分类	备　　注
在大江大河中下游的冲积或洪积平原，地域广阔，地势平坦，有排水系统和一定的排水能力	平原坡地	淮北平原，松嫩平原，三江平原，辽河平原，海滦河流域中下游平原，江汉平原
沿江、河、湖、海周边的低洼地区，受河、湖或海洋高水位的顶托，自排排水受阻或自排能力部分丧失，或排水设备动力不足	平原洼地	江汉平原，海河流域的清南清北地区
在江河下游三角洲或滨湖冲积、沉积平原；筑圩（垸）；依靠动力排除圩内积水	水网圩区	太湖流域的阳澄淀泖地区，淮河下游的里下河地区，珠江三角洲，长江流域的洞庭湖、鄱阳湖滨湖地区

2. 按社会经济和水文因素分类

分析各涝区在同等受涝情况下的损失情况，以社会经济、涝灾损失等相关指标分类。

选取黑龙江省易涝区进行涝区分类方法和指标的研究。根据黑龙江省各涝区易涝面积、涝灾频次、淹没历时、淹没水深、成灾面积占易涝区面积比例、涝灾损失程度等指标将涝区划分为轻度涝区、中度涝区和重度涝区，见表 7.6 - 2。表中分数根据已有灾害统计数据进行分析而得，分数越高，易涝面积、涝灾频次、受灾及成灾比例、涝灾损失越大。

表 7.6 - 2　　　　　　　　　　按涝区涝灾损失程度分类（黑龙江案例）

一级区	二级区	三级区	四级区	易涝面积（易涝面积）	涝灾频次	淹没水深	淹没历时	成灾面积占易涝区面积比例	涝灾损失程度	合计	涝情判别
东北地区	黑龙江	三江平原 松花江	梧桐河中下游	1	1	2	1	1	2	8	轻
			嘟噜河中下游	1	1	2	1	1	2	8	轻
			安邦河中下游	2	2	1	2	2	1	10	轻
			倭肯河中下游	1	2	2	2	2	1	10	轻
		乌苏里江	穆棱河中下游	4	4	4	4	4	4	24	重
			挠力河中游	4	4	2	2	1	2	15	中
			挠力河下游与七星河	4	4	3	4	4	4	23	重
			七虎林河中下游	4	4	4	4	3	3	22	重
			阿布沁河中下游	4	4	4	4	3	3	22	重
			别拉洪河	4	4	4	4	4	4	24	重
		黑龙江	蜿蜒河	3	3	3	3	3	3	18	中
			青龙莲花河	4	4	4	4	4	4	24	重
			浓江鸭绿河	4	4	4	4	4	4	24	重
		松嫩平原	讷莫尔河	2	1	1	1	2	2	9	轻
			乌裕尔河	2	1	1	1	2	3	10	轻
			松花江沿岸	2	1	1	1	3	2	10	轻

注　1. 根据已有灾害统计分析，分数越高，易涝面积、涝灾频次、受灾及成灾比例、涝灾损失越大。

　　2. 各栏中数据为该涝区的赋分值，合计分数在 10 分及以下者为轻度涝区，11～20 分为中度涝区，21 分以上为重度涝区。

综合分析了有关涝区的水文情势、自然地理条件和实际受涝情况，各涝区在同等受涝情况下的损失情况，形成涝灾的原因，涝区在我国大陆的地域分布，易涝区的地形地貌、地理位置及其与周边河流水系的水力联系等各种因素，最终推荐按 6 项指标进行综合评判和分析确定。6 项指标包括：易涝面积，涝灾频次，淹没水深，淹没历时，成灾面积占易涝区面积比例；涝灾损失程度。

7.7 部分省区治涝区划和涝区分类

根据前述治涝区划方案和涝区分类方法，选择安徽省、浙江省、江苏省三省区进行涝区二级区至四级区分级以及四级区涝区分类，区划分级及四级区分类成果见表 7.7 - 1 至表 7.7 - 3。

表 7.7 - 1   安徽省易涝区区划与分类表

一级区	二级区 （按片或省分）	三级区 （水系）	四级区 （水系）	易涝面积	涝灾频次	淹没水深	淹没历时	成灾面积占易涝区面积比例	涝灾损失程度	合计	涝情判别
淮河中下游平原	安徽省	沿淮片	谷河	4	4	4	4	4	2	22	重
			润河	4	4	4	4	4	3	23	重
			八里湖	4	4	4	4	4	3	23	重
			焦岗湖	4	4	4	4	3	3	22	重
			西淝河下游	4	4	4	4	4	4	24	重
			架河	4	4	4	4	3	4	23	重
			泥黑河	4	4	4	4	3	4	23	重
			芡河	4	4	4	4	4	4	24	重
			北淝河下游	4	4	4	4	4	4	24	重
			高塘湖	4	3	4	3	4	4	22	重
			临王段	4	3	4	4	4	2	21	重
			正南洼	4	4	4	4	4	3	23	重
			黄苏段	2	3	3	4	4	4	20	中
			天河	4	3	4	3	1	4	19	中
			高邮湖	4	4	4	4	3	4	23	重
			其他洼地	3	4	4	3	4	4	22	重
		淮北平原片	洪河	4	3	3	2	2	2	16	中
			澥河	4	3	2	2	4	2	17	中
			沱河	4	3	2	3	1	4	17	中
			北沱河	4	3	1	2	2	2	14	中
			唐河	4	3	1	2	4	3	17	中
			石梁河	4	3	1	2	4	3	17	中
			龙岱河	4	3	1	2	3	4	17	中
			沱河上段	4	3	2	3	2	3	17	中
			洪碱河	4	3	1	2	4	4	18	中

续表

一级区	二级区 （按片或省分）	三级区 （水系）	四级区 （水系）	易涝 面积	涝灾 频次	淹没 水深	淹没 历时	成灾面积 占易涝区 面积比例	涝灾 损失 程度	合计	涝情 判别
淮河中下游 平原	安徽省	淮北 平原片	大沙河	4	3	1	2	4	2	16	中
			北淝河上段	4	3	2	2	3	4	18	中
			浍河	4	4	2	1	2	4	17	中
			沿颍洼地	4	4	2	1	2	3	16	中
			沿涡洼地	4	3	2	2	2	4	17	中
			泉河洼地	4	3	2	2	2	3	16	中
		淮南 支流片	史河	3	2	3	1	1	4	14	中
			淠河	3	2	4	3	2	4	18	中
			濠河	2	4	3	2	2	4	17	中
			池河	2	4	2	2	2	4	16	中
		分洪河道 沿线片	茨淮新河两岸	4	4	2	2	2	3	17	中
			黑茨河	3	3	2	2	2	2	14	中
			西淝河上段	4	3	2	2	2	2	15	中
			怀洪新河两岸	4	4	2	2	2	4	18	中
		行蓄 洪区片	城西湖	4	4	4	4	2	1	19	中
			城东湖	4	4	4	4	2	1	19	中
			瓦埠湖	4	4	4	4	3	3	22	重
			花园湖	4	4	4	4	2	3	21	重
			其他行蓄洪区	3	4	4	4	2	2	19	中

表 7.7−2　　　　　　　　　　　　**浙江省易涝区区划与分类表**

一级区	二级区	三级区	四级区 （涝区）	易涝面积 （易涝面积）	涝灾 频次	淹没 水深	淹没 历时	成灾面积 占易涝区 面积比例	涝灾 损失 程度	合计	涝情 判别
长江下游 平原区	浙江省	太湖、钱塘江水系	杭嘉湖平原	4	3	2	4	4	3	20	重
		钱塘江水系	萧绍平原	2	2	1	1	1	2	9	轻
			甬江平原	2	2	1	1	2	1	9	轻
			温黄平原	3	2	1	1	2	3	12	中
			永乐平原	1	2	3	1	2	4	13	中
			温瑞平原	1	2	3	1	2	4	13	中
			瑞平平原	1	2	3	1	2	4	13	中
			南港平原	1	2	3	1	2	4	13	中
			浦阳江诸暨盆地	1	1	3	2	3	3	13	中
			金衢盆地	1	1	2	3	2	3	12	中
			嵊州盆地	1	1	2	2	2	3	11	中

注　1. 根据已有灾害统计分析，分数越高，易涝面积、涝灾频次、受灾及成灾比例、涝灾损失越大。

　　2. 10 分以下为轻度涝区，10～20 分为中度涝区，20 分以上为重度涝区。

　　3. 三级区还可研究细分。

表 7.7 - 3　　　　　　　　　　　江苏省淮河及长江流域涝区区划与分类表

一级区	二级区	三级区	四级区	易涝面积（易涝面积）	涝灾频次	淹没水深	淹没历时	成灾面积占易涝区面积比例	涝灾损失程度	合计	涝情判别
淮河中下游平原	江苏省	沂沭泗水系	南四湖湖西地区	4	4	3	2	1	4	18	中
			骆马湖以北中运河两岸地区	4	3	3	4	3	1	18	中
			沂北地区	4	4	3	3	3	4	21	重
			沂南地区	4	4	3	3	3	4	21	重
		废黄河独立排水区	废黄河地区	3	4	3	3	1	2	16	中
		淮河水系	洪泽湖周边及其以上地区	4	4	3	4	1	3	19	中
			渠北地区	4	3	4	4	1	4	20	中
			白马湖高宝湖地区	4	4	3	4	1	4	20	中
			里下河地区	4	4	3	4	4	4	23	重
长江中下游平原		长江流域	苏北沿江地区	3	3	2	3	4	1	16	中
			滁河地区	1	2	2	3	1	2	11	轻
			秦淮河地区	2	2	3	4	1	2	16	中
			石臼湖固城湖地区	1	1	4	4	1	4	15	中

注　1. 根据已有灾害统计分析，分数越高，易涝面积、涝灾频次、受灾及成灾比例、涝灾损失越大。分值分为 1～4 分。

　　2. 10 分以下为轻度涝区，10～20 分为中度涝区，20 分以上为重度涝区。

7.8　全国治涝区划和涝区分类成果

在前述区划理论方法及初拟区划框架的基础上，以 7 个一级区、按省级行政区命名二级区的方案绘制了全国治涝区划图，如图 7.8 - 1 所示。

四级区以各涝区易涝面积、涝灾频次、淹没历时、淹没水深、成灾面积占易涝区面积比例、涝灾损失程度等 6 项指标作为涝区涝灾程度分类指标，以赋分方法计算加权分数判断涝区涝灾程度，10 分及以下为轻度，10～20 分为中度，大于 20 分为重度，得出的全国涝区涝灾程度如图 7.8 - 2 所示。

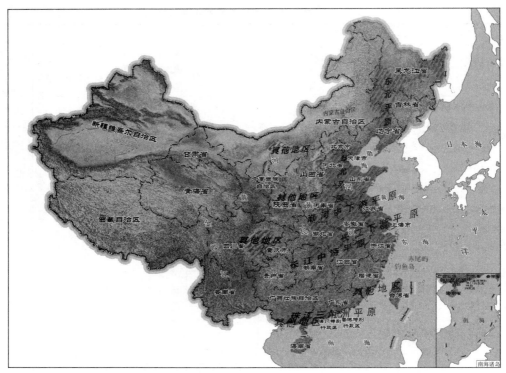

图 7.8-1 全国治涝一级区划图

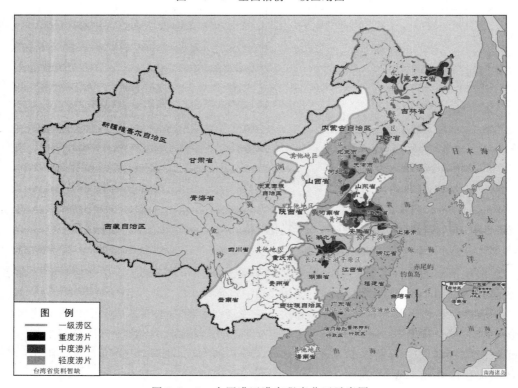

图 7.8-2 全国涝区涝灾程度分区示意图

参 考 文 献

［1］ 郑度，等．对自然地理区划方法的认识与思考［J］．地理学报，2008，63（6）．

［2］ 田国珍，等．中国洪水灾害风险区划及其成因分析［J］．灾害学，2006，21（2）．

［3］ 马仁峰，等．主体功能区划方法体系建构研究［J］．地域研究与开发，2010，29（4）．

［4］ 樊杰．我国主体功能区划的科学基础［J］．地理学报，2007，62（4）．

第 8 章

结 论 和 建 议

8.1 主要结论

1. 较全面地反映了我国易涝区分布区域和现状排涝能力情况

（1）首次完整、系统地调查和反映了我国易涝区分布情况和涝区现状治理程度。在对我国主要易涝地区的范围、面积、涝区基本情况进行较大范围的调查和收集淮河流域、太湖流域、长江流域及东北地区有关省份涝区基础资料的基础上，通过统计分析和研究后提出了研究成果，为了解我国涝区治理现状、开展区域水利规划和治理工作提供了科学依据，也为领导和决策部门进行科学决策提供了支撑。

（2）研究成果表明，我国洪涝灾害频发，且涝灾损失甚至比洪灾损失更为严重。我国的易涝区主要分布在七大江河中下游的平原区，如我国长江流域的江汉平原、洞庭湖和鄱阳湖滨湖地区、下游沿江平原洼地，淮河流域的淮北平原、滨湖滩地、里下河水网地区，太湖流域的圩区和平原区（如杭嘉湖区、萧绍平原等），珠江流域的珠江三角洲地区，松辽流域的三江平原、松嫩平原和辽河平原，黄河流域的河套平原、关中平原，海河流域中下游平原等地。

（3）我国现状治涝标准普遍较低，且地区间治涝设施建设和排涝能力差距较大。目前我国农田的排涝能力大都在 3～5 年一遇，淮河流域中下游、东北地区的三江平原等重点涝区仍有相当大区域的排涝能力不足 3 年一遇，部分经济较发达地区的排涝能力达到了 10 年一遇甚至 20 年一遇。据不完全统计，淮河流域排涝能力为 3 年一遇和不足 3 年一遇的易涝面积占总易涝面积的比例达 76%；东北地区排涝能力为 3 年一遇和不足 3 年一遇的易涝面积占总易涝面积比例为 40%，5 年一遇的占 37%；长江流域排涝能力在 5 年一遇及以下的面积比例为 44%，5～10 年一遇的面积比例为 40%；太湖流域有近 80% 的易涝面积排涝能力达到了 10～20 年一遇。

2. 通过涝灾成因分析，首次系统揭示了我国不同地区涝水灾害的主要影响因素

（1）发生涝情和形成涝灾的原因十分复杂，通过收集大量资料和对不同易涝区的地理特征、水文气象条件、工程现状和灾害损失情况、产生涝灾的内部和外在因素的综合分析，首次系统揭示了我国不同地区、不同类型涝区产生涝灾的主要影响因素。

(2) 涝灾主要受自然因素和社会经济因素的影响。

自然因素主要包括地理位置、地形地势和气象条件等，其中降雨因素是造成我国大部分地区涝灾的最主要原因之一，降雨集中、历时长，往往形成洼地积水和淹没灾害；地形条件也是造成涝灾的重要因素，低洼地区易成为涝水的汇集区，河道坡降平缓、排水不畅，涝水难以排除；土壤土质黏重、透水性差，也易加重涝灾灾情；缺乏滞涝区和承泄区，不能对强降雨形成的大量涝水进行调蓄和缓滞，造成漫溢和顶托等。近年来许多地区极端天气现象频发，暴雨强度大、历时长，加重了涝灾程度；社会经济因素主要有经济发展水平和人类活动影响等，如排涝工程设施基础薄弱、水利化程度低，毁林、围湖造田、封堵或侵占河道等破坏自然生态系统，城镇化导致大范围地面硬化，过量开采地下水造成地面沉降等。

不同地理位置的涝灾成因也有所不同。如南方地区降雨强度和净雨量都较大，降雨时间长，水系湖泊发育，平原洼地和圩区易积水，排除不及时的情况下易产生涝渍灾害；滨湖、滨海地区排涝时容易受外湖、外河和海潮顶托影响；东北地区部分涝区土地盐碱化严重，土质黏重，甚至在耕作层以下形成不透水层或冰冻层，雨水集聚在表层，排除不及时易形成涝灾。

社会经济因素主要有经济发展水平和人类活动影响等。受经济发展水平和投资规模的影响制约，一些地区排涝工程设施基础薄弱、水利化程度低、工程不配套，造成排涝标准低下，遇涝容易成灾；而有些地区忽视自然生态系统的自我调节修复作用，甚至肆意破坏自然生态系统，如毁林、围湖造田、封堵或侵占河道等，造成涝水流量加大、规划的排涝能力不足等。此外，随着一些地区城镇化程度的提高和城区面积的扩大，原先可适当滞蓄涝水的农田区域变成了硬化和不透水区域，下垫面条件发生改变，使得排涝模数和排涝流量都大幅度增加，增加了排涝压力；还有一些地区由于过量抽取地下水，造成地面沉降和外水倒灌、内水外排困难。近年来人类活动对涝灾形成的影响正在逐渐增加。

3. 规范和建立了治涝标准的指标体系

(1) 目前我国各地对治涝标准的表述方式缺乏统一标准。在对现有各种表述方式进行分析的基础上，对治涝标准的指标体系、评判条件和确定方法进行了多方案的研究，结合我国实际，首次提出并推荐治涝标准由"暴雨重现期＋降雨历时＋排除时间＋排除程度"等4项指标表述，以及易涝区的治理标准根据作物种类、耕地面积、人口数量、经济当量规模、城市重要程度等指标确定。

(2) 对于以旱作、水田、经济作物为主的农田，推荐以耕地面积作为确定治涝标准暴雨重现期大小和取值范围的评判条件，以作物种类和耐淹程度作为确定降雨历时、涝水排除时间长短及排除程度的评判条件；对于城市和乡镇，推荐以人口数量、重要程度及当量经济规模作为确定城市排涝重现期大小和取值范围的评判条件。对于城市治涝标准引入经济指标，考虑了不同地区受灾后经济损失的差别，提出对于人口相近的城市，经济总量和受灾后经济损失大的城市的治涝标准宜适当提高。

4. 明确了治涝标准与治涝减灾效益及工程投资的关系，提出了经济合理的治涝标准指标范围

(1) 随着经济社会的发展，各地区对治涝减灾的要求有所提高。提高治涝标准的措施

包括扩挖河道和排水沟渠、扩建排涝泵站、增加装机容量等，以增加排水能力；还有建设蓄涝区以增加调蓄能力，但治涝标准的高低需根据各涝区的洪涝特点、自然地理等实际情况合理确定。在一些地区，尤其是河网地区的排水河道比降较缓，排水距离较长，进一步提高治涝标准往往需要通过大规模疏挖河道才能实现，但扩挖河道经常会占用大量土地，工程投资也大幅度增加，而减免的涝灾损失却十分有限，说明在治涝标准提高到一定程度后，再进一步提高标准就会出现效益费用比下降甚至倒挂现象，经济上是不合理的，同时占地带来的社会环境影响也难以解决。因此，需要考虑各涝区的实际情况，不可一味地追求过高标准。

（2）选择 10 个典型案例区，设定不同的治涝标准，进行治涝工程布置和治理费用、减灾效益计算，综合考虑排水面积大小、作物种植结构及下垫面情况、工程建设条件、可减免的灾害损失、投资费用和占地等社会环境影响等因素，提出了不同地区、不同种植结构情况下经济合理的治涝标准取值范围。

研究推荐农田和城市的经济合理的治涝标准指标范围如下。

对于以旱作物为主的涝区，如排水和蓄涝条件较差、作物经济价值较低、面积较小，其合理的治涝标准重现期宜为 5 年一遇；也可提高到 10 年一遇。当作物的经济价值较高、耐淹能力较差，如花卉、药材等，必要时暴雨重现期可提高到 20 年一遇，并考虑缩短涝水排除时间。

对于以水稻为主地区或河网圩区，如调蓄湖泊水面较少、外江顶托时间较长，治涝标准宜为 5～10 年一遇；如排水和调蓄条件较好、治理工程便于实施，治涝标准的暴雨重现期可按 10～20 年一遇确定。

在治涝体系较完善、现有水面率较大或可建设调蓄区，同时防护对象要求标准较高或经济发达的地区，治涝标准最高可按 20 年一遇。超过 20 年一遇，宜按洪水进行治理。

城市排水承泄区标准要与城市市政排水相适应，一般在 10～20 年一遇及以上。

5. 首次对国内除涝水文计算方法进行了系统分析和总结，提出了各种方法的适用条件

目前我国各省区采用的除涝水文计算方法不尽相同，主要有平均排除法、排模经验公式法、单位线法、水量平衡法、河网水力学模型法等方法。根据对不同地区的地形特征、不同类型下垫面和不同对象排涝要求的调查分析，推荐了不同计算方法的适用条件，可供治涝工程设计参考采用。例如，平原坡水区宜采用排模公式法、平均排除法、单位线等方法；滨河、滨湖、滨海等圩（垸）区宜采用平均排除法、水量平衡等方法；平原水网区宜采用平均排除法、水量平衡法、河网水力学模型等方法。

6. 首次界定了水利排涝计算方法与市政排水计算方法的应用范围，对两种方法和计算成果进行了多方面比较，分析了两个行业计算方法的关系

通过对水利和市政两个行业现行规范的定位、计算公式和推导依据、计算参数和边界条件，以及按两个行业不同方法分别计算的重现期、排涝模数、排涝流量等指标的综合分析，明确了水利行业除涝水文计算方法和市政排水计算方法各自的适用范围，对不同计算成果进行了对比分析。

（1）界定市政排水系统与水利排涝体系各自范围：市政排水系统主要指市政管网工

程、城区内河与湖泊及相应的配套工程，其排水计算采用城建部颁布的有关规范；水利排涝系统是指承纳市政排水系统排出涝水的区域，主要由城市外围的河道、沟渠、滞涝区、承泄区、泵站等工程组成，采用水利方法计算，其水位、流量要与市政排水规模相互协调。

（2）现行的市政排水计算方法主要适用于市政排水系统中的城区集雨设施和排水管网，水利除涝水文计算方法则主要适用于城市外围承纳区的有关水利工程。鉴于目前两个行业规范中的洪水样本选择、流量计算方法以及排水区下垫面条件、排水工程措施等均不相同，且各有独立的规程规范体系，因此在方法上目前还无法统一。

（3）水利除涝水文计算方法和暴雨重现期与市政排水计算方法和重现期不存在简单的对应关系，两者之间的关系与当地的暴雨特性、排水面积大小、流程长短、计算时段等有关。根据对我国东北地区黑龙江省鸡西市、中部安徽省合肥市、南部广东省东莞市等 3 个城市典型案例的分析结果，在一定排水面积的条件下，市政方法计算的 1 年一遇排水流量约相当于水利方法计算的 5～20 年一遇排水流量，市政方法计算的 2 年一遇流量约相当于水利方法计算的 10～30 年一遇排水流量。此外，当排水面积较小时，市政方法计算流量相应的重现期与水利方法的重现期差距较大；面积较大时，两者差距则较小，主要原因是当面积扩大时，市政管网的流程和长度增加，虽然沿途有流量汇入，但干支管道仍具有一定的槽蓄削峰和错峰作用。

由此可见，目前水利行业按 10～20 年一遇的水利排涝标准确定城市外围承接区的排涝规模基本能满足市政 1 年一遇排水标准所确定的排水规模。实践中要注意按不同方法计算的流量、水位的衔接。

7. 对治涝区划和涝区分类进行了初步研究

（1）治涝区划研究是对各个地区的致涝因子、涝灾危害、孕灾环境、涝灾演变过程、涝灾程度及其对社会的影响、涝灾承灾体的易损性和涝灾减灾体系等进行定量或半定量的评价与评估，进行等级划分和区域对比工作。收集了农业区划、综合自然区划、植被区划、土壤区划等不同行业和专业的区划成果，对区划划分的定义、原则、方法等进行了分析。

（2）根据自然地理综合体的相似性和差异性，结合我国现有河流水系和涝区分布、致涝成因和地理特征等因素，经过方案比较，首次研究提出了治涝区划体系的总体框架，按四级划分，其中一级区划综合考虑现有的大行政区划和流域分布情况，拟定了 7 个一级区，分别为东北平原区、华北平原区、淮河中下游平原区、长江中游区、长江下游平原区、珠江三角洲区、其他地区等；二级区划研究了按"流域＋大区域片"或按"省级行政区"划分两种方案，采用按省级行政区划分二级区；三级区划是在二级区划的基础上，按较大水系、特定区域的完整性进行划分；四级区划即为独立的涝区，按地理位置、行政区划、河流水系、排水体系、管理体制等各种因素划分。

（3）为了解和判别不同涝区的涝情特性，使今后涝区治理更具有针对性和科学性，研究提出了四级涝区的分类方法，即按易涝面积、涝灾频次、淹没水深、淹没历时、成灾面积占易涝区面积比例、涝灾损失程度等 6 项因子进行识别和评估，结合量化指标和专家经验分别打分，统计出各涝区的受涝程度总分，进行综合分析，评判各涝区的涝情轻、中、重程度。

8.2　建议

1. 农田治涝标准暴雨重现期上限原则上采用 20 年一遇

目前我国大部分涝区的治涝标准仍较低，仅为 3～5 年一遇。通过开挖沟渠、修建泵站、增设滞涝区等措施可提高涝区的排涝能力，但当标准提高到一定程度后，继续提高标准对减少涝灾损失的作用会明显减小，而投资费用却明显增加；且在一些水网地区，由于河道比降较缓、人口密集，大幅度提高治涝标准易造成沟渠开挖工程量和占地面积过大，对社会环境产生较大影响。根据研究资料，旱地和水田的设计暴雨重现期宜为 5～10 年一遇；如涝区的排水、蓄涝条件较好，作物经济价值较高，治涝标准可适当提高，但上限不宜超过 20 年一遇。目前我国一般河流的防洪标准为 20 年一遇，因此，当涝水超过 20 年一遇时，可按洪水进行治理。

2. 城市治涝标准的评判指标中考虑当量经济规模

我国各地不同城市间经济发展水平存在差异，人口规模相近的两个城市的 GDP 可能会相差数倍甚至更多，当遭遇相同等级的涝情时，经济总量大的城市的经济损失绝对值通常会更大。为反映洪涝灾害对经济的影响，在确定城市治涝标准时，除考虑人口规模指标外，同时也采用"当量经济规模"指标作为评判条件之一。当量经济规模＝人均 GDP 指数×防护区人口，而人均 GDP 指数＝防护区人均 GDP/全国人均 GDP。

3. 关于城市治涝标准的适用范围

城市市政排水与水利排涝既相互关联又有所区别。水利排涝体系处于市政排水系统的下游，相当于市政排水的承泄体，主要由河流、沟渠、蓄涝区（湖泊等）、泵站等组成；市政排水位于水利排涝的上游，主要由市政管网等组成，由于排水路径短、汇流快，因此排出的城市涝水流量较急，同时很多城市的管网出口还有水位控制要求。在确定水利排涝的工程布局和规模时，要考虑市政排水的布局和规模特点；市政排水也要结合水利排涝合理布置排水管网。

鉴于目前对水利排涝和市政排水的水文计算方法还难以统一，因此本著作的城市治涝标准，仅指承泄区接纳市政排水系统排出涝水的标准，并非城市市政排水系统的排水标准，后者可按市政相关规范的规定确定。水利规范确定水利治涝标准，城市市区排水采用市政排水标准，两者有所不同、各司其职。

4. 进行治涝区划的目的

治涝区划是为了全面了解全国或某个地区的涝区整体情况，并为合理确定治涝标准和治涝工程布局提供支撑，更好地开展防灾减灾工作。本著作对治涝区划的方法、指标等进行了一定的研究，取得了初步成果，今后在治涝规划和工程实际中还可总结经验，继续深入研究和完善治涝区划的划分方法、分区界定、指标体系等内容。